中国科协科普部
中国金属学会
支持出版

U0850785

钢铁是怎样炼成的

科普系列集（下）

陕西省金属学会 编

陕西省科学技术协会资助

北 京
冶 金 工 业 出 版 社
2024

图书在版编目（CIP）数据

钢铁是怎样炼成的科普系列集．下／陕西省金属学会编．—北京：冶金工业出版社，2024.7

ISBN 978-7-5024-9881-8

Ⅰ．①钢…　Ⅱ．①陕…　Ⅲ．①钢铁工业—普及读物　Ⅳ．①TF-49

中国国家版本馆CIP数据核字（2024）第107000号

钢铁是怎样炼成的科普系列集　下

出版发行	冶金工业出版社	**电　　话**	（010）64027926
地　　址	北京市东城区嵩祝院北巷39号	**邮　　编**	100009
网　　址	www.mip1953.com	**电子信箱**	service@mip1953.com

策划编辑　任静波　责任编辑　曾　媛　美术编辑　吕欣童　版式设计　吕欣童

责任校对　石　静　李　娜　责任印制　禹　蕊

北京博海升彩色有限公司印刷

2024年7月第1版，2024年7月第1次印刷

710mm×1000mm　1/16；10.5印张；151千字；151页

定价56.00元

投稿电话　（010）64027932　投稿信箱　tougao@cnmip.com.cn

营销中心电话　（010）64044283

冶金工业出版社天猫旗舰店　yjgycbs.tmall.com

《钢铁是怎样炼成的科普系列集》

编委会

序

钢铁从一开始出现就改变着人类的生活。人类使用铁器制品始于西亚，距今至少已有5000多年历史。早在远古时代，人类就开始利用金属了，不过那时利用的是自然状态存在的少数几种金属，如陨石铁。后来才逐渐发现了从矿石中提取低熔点金属如铅、锌、铜及其合金的方法，之后又冶炼出了铁。时至今日，人类利用的金属种类已日益增多，到19世纪末，规模使用的已达到了50多种。在20世纪初及中期，冶金工业得以迅速发展。元素周期表中有92种是金属元素，其中具有工业意义的约75种，而钢铁在人类经济活动和社会生活中发挥的重要作用，迄今仍无其他材料可以替代，钢铁冶炼的技术也伴随着人类的发展而日益成熟。

钢铁兼具功能与结构材料于一身，到目前为止，尚未发现一种能撼动钢铁"工程材料之王"地位的新材料。鉴于钢铁具有丰富的资源和优良的性能禀赋，特别是它的可循环利用性（即废钢→冶炼加工→产品→废钢），更增加了钢铁产业的生命力和发展前景。在可预测的未来中，在工程材料领域里钢铁仍将独领风骚。

钢铁工业是我国重要的基础工业，在国民经济和社会发展中占有十分重要的地位和作用。中国钢铁工业发展到今天，足以令每位中国人骄傲和自豪。我国粗钢产量从新中国成立之初的16万吨，到

1996年首次突破亿吨并成为世界头号产钢大国，在此之后的19年间，我国粗钢产量不断登上新的台阶，2015年已突破8亿吨，占据世界钢铁产量一半。我国的钢铁不仅满足了国民经济发展的需要，还出口到世界各地。放眼望去，从百姓的日常生活用品如刀、叉、勺、锅、碗、瓢、盆，到与国民经济发展息息相关的船舶、汽车、高铁、石油管道等，到处都有钢铁产品的身影。

近年来，我国经济发展进入了新常态，钢铁工业也出现了新情况和新问题。目前钢铁工业发展面临着产能过剩的问题和效益大幅下滑的困境，亟待进行供给侧结构调整。这是钢铁工业发展过程中的问题，也是欧、美、日等钢铁业发达的国家和地区曾经遭遇过的问题。

今后我国钢铁工业的发展必须要坚持“五大发展”理念，通过技术创新把最新的科学技术成果应用到钢铁领域，改造钢铁装备，优化工序结构。用大数据、互联网+等融合到钢铁生产、市场、企业管理等方面，实现钢铁生产装备智能化，市场、管理网络化；坚持绿色发展的理念，实现钢铁低碳、循环、绿色、可持续发展，彻底改变钢铁是排碳、排污大户的形象。因此，非常有必要普及钢铁知识，让人们认识、了解钢铁工业，关心钢铁事业的发展。

陕西省金属学会组织编撰了《钢铁是怎样炼成的科普系列集》，该系列集面向社会，面向青少年，撒播钢铁知识的种子，提高人们的科学素质，这是一件很有意义的好事。钢铁科技工作者将自己从事领域的知识，以通俗易懂的科普方法回馈社会，也是一种责任和义务。本系列集30多名作者大多来自陕西省钢铁生产、科研一线，在繁忙的工作之余进行科普创作，这种甘于奉献的精神难能可贵。

我国各行各业的发展离不开一支具有高素质的产业大军，也需要强大的后备力量。科普是一盏点亮科学心田的明灯，是提高国民科学素质的有效途径。我寄希望于有更多的部门、单位重视和关心科普事业，也希望全国冶金战线有更多科技工作者热心投身于科普创作，为全国人民创作出更多、更优的冶金科普读物，乐见它们能在祖国的科普百花园中尽情地争奇斗艳！

徐匡迪

前言

正当我国钢铁产业处在转型升级阶段，进入改革、创新、循环、绿色、可持续发展的关键时期，陕西省金属学会组织编写的《钢铁是怎样炼成的科普系列集》出版了，这是送给钢铁行业干部、职工，以及关注、关心、支持钢铁工业发展的人们的一份厚重礼物，借此向他们表达诚挚的敬意。

《钢铁是怎样炼成的科普系列集》虽承前苏联著名小说《钢铁是怎样炼成的》之名，却是钢铁炼成的真实写照。用现实、科普的写作手法，以钢铁生产工序为主线，全面、深入地讲述了钢铁生产全过程，其中包括发展史、主要生产装备、重要工艺技术及安全环保等，主要面向钢铁企业干部、职工，以及社会上从学生到成人各阶段的人群，普及钢铁知识，传播钢铁技术，弘扬钢铁文化，回味钢铁历史，展望钢铁未来。

本书由综合、矿业、炼铁原料、炼铁、炼钢、塑性加工成形和安全环保等部分组成。其中，综合篇主要综述了钢铁的基础知识、历史和文化，使读者从中品味我国钢铁业发展源远流长的历史和博大厚重的文化，领略钢铁科学技术“点石成金”的神奇和魅力，感受钢铁生产铁水奔流、钢花飞溅的壮观景象。其他各篇章分别从专业角度普及钢铁生产知识，讲解设备操作，介绍新技术、新产品。本书力求按科普写作要求，深入浅出，通俗易懂，使作品体现出科学性、普及性、趣味性。各篇主题鲜明、图文并茂、生动有趣，是目前较为全面、系统地介绍钢铁冶金生产知识的科普读物。

钢铁产业是一个庞大的工业体系，涉及的知识面广、工艺复杂、科技含量高。参与编写本书的均是来自钢铁战线一线岗位的科技工作者，多达 30 余人，要全面驾驭钢铁生产知识体系，深入浅出地介绍钢铁生产工艺流程，开展科普创作挑战巨大。为了更好地完成编写工作，四年来陕西省金属学会多次组织科普创作培训，聘请专家指导、建立网络，便于写作人员之间的创作交流，尽可能为写作人员创造条件。初稿出炉后，又组织专家评审组进行了多次评审和修改，并对作品在思想性、科学性、专业性等方面进行把关，力求做到科学普及与文学艺术相结合。《钢铁是怎样炼成的科普系列集》是编写者的心血之作，也是这项工作所有参与者共同的智慧结晶。

在编写过程中，我们得到了中国科协科普部、中国金属学会和冶金工业出版社领导和有关人员的指导和帮助，得到了陕西省科学技术协会和陕西钢铁集团公司等单位领导的关心和支持。在此，向所有关心、支持我们的单位和个人表示衷心的感谢！

本书在编撰过程中，参考了相关图书、文献中的部分内容，对相关作者表示感谢！

由于水平所限，书中难免有不妥之处，敬请读者批评、指正。

编　者

目录

·炼铁原料篇·

·炼铁篇·

• 炼钢篇 •

• 塑性加工成形篇 •

•安全环保篇•

炼铁原料篇

蓝天白云下，高炉犹如钢铁巨人高高矗立着。高炉的背面有一排矿槽，远处是一个巨大的料场，它是高炉的“粮仓”。“粮仓”里整齐地堆放着来自四面八方运来的铁矿石、铁砂、烧结矿、球团矿、煤粉、焦炭……这些原料还要经过配比混料后送到烧结机烧成烧结矿，块状矿石和焦炭送到高炉料仓短暂存放，通过高炉上料运输设备，从顶部源源不断地喂进高炉。高炉仿佛是一个永远不知饱腹的巨兽，昼夜不停地吞食着精心料理出来的“美味佳肴”，经过炉内的一系列反应，产出滚滚的铁流。让我们细细倾听炼铁原料们的身世和成长的故事吧！

第一章｜ 焦炭的“高风亮节”

第一节　焦炭的自述

我，焦炭，或叫我冶金机焦。我貌不惊人，浑身银灰色，长满蜂窝状的孔隙，体重轻飘飘的，在料场的大家庭中，我安静地待在角落里，有时还要“经风雨，见世面”。煤是我的祖先，人类发现它时，因为能燃烧，能发出光和热，就被从暗无天日的地下挖掘了出来，让它重见光明。在煤燃烧后的灰烬中，人类偶然发现了我的存在（有人叫我“煤核”），而且我比煤火烧得更旺，热量更足。顺着这一轨迹追寻下去，人类又发明了“炼焦术”。到了现代，钢铁联合企业大都建有现代化的炼焦厂，为我提供了更广阔的舞台。我是在炼焦炉里经过“干馏”后，即煤在没有空气的炭化室里加热后诞生的，煤在炼焦中提取了焦油、煤气、硫化氯、萘等化学物质后，我也实现了华丽转身，成为焦炭。在焦炉这个大熔炉中，松散的煤粉饼凝结成多孔的焦块，冷却后变得更加坚实，更耐压。由于脱去煤中的硫和一些杂质，我也变得更加纯净，减少了炼铁时对铁水的污染。煤变焦后，我依旧继承了煤的基因，碳（C）是组成我身躯的“细胞”，燃烧中释放光和热是我的天性和本能。在炼铁厂工人师傅和工程师的指挥下，我将和铁矿石、烧结矿、球团矿等伙伴们“雄赳赳、气昂昂”

地进入高炉，在那里一展我们的使命和风采！

20 世纪 50 年代安钢的土焦炉

现代焦炉

第二节　焦炭与铁矿同行的时代

我国成规模地冶炼铁块始于公元前 6 世纪。无论是古代还是现代，构成炼铁的三要素都是高炉（冶炼工具）、铁矿石（原料）和燃料（提供能源）。在炼铁的历史进程中，无论是高炉还是燃料都经历了漫长的演变过程。至今，焦炭能成为铁矿石冶炼能源和还原剂的提供者，并能结伴同行，是历史的机遇，也是历史的选择。

在古代，炼铁炉一般建在铁矿资源丰富且品位高的地区，燃料就地取材。开始是砍伐森林，把木材烧成木炭，用木炭作为燃料和还原剂。那么，木炭是怎样退出冶炼历史舞台的呢？

那是一个美丽的小山村。那里有青葱茂密的森林，潺潺流淌的溪水，村民们“日出而作，日落而归”，享受着大自然赐予的温馨而宁静的田园生活。自从那里发现丰富的铁矿石资源后，一切都发生了变化。村落周围建起了许多小土炉、小炭窑。为了生产出更多的铁，小土炉、小炭窑昼夜不停地开动着，整个山村笼罩在乌烟之中。为了烧炭，大片大片的森林不见了，青山变成了秃山，秀水变成了臭水。往日绿树葱茏、鸟语花香的山村如今变得满目疮痍，昔日宁静安逸的生活已一去不返。

这个故事告诉我们，以破坏生态为代价而用木炭炼铁是不可持续、难以为继的。同时，木炭作为炼铁的燃料和还原剂，暴露出灰分高、强度低、燃烧值低、炉温低的弱点，曾经延续很长历史的木炭炼铁最终被淘汰出局。

我国到了汉代时，由煤代替了木炭。到了宋代，由于用煤生产焦炭（土法生产的叫兰炭）技术的出现，炼铁开启了使用焦炭的时代，也开启了焦炭与铁矿石同行的时代。18 世纪英国工业革命之后，对钢铁需求激增，促进了现代炼焦业的创新与发展，炼铁能源的重担历史性地落到了机焦（焦炭）的肩上，从此铁矿石与焦炭如影随形，唇齿相依。焦炭像蜡烛一样，烧尽成灰，却让铁矿石“山鸡变凤凰”，蜕变为奔腾的铁流。

第三节　燃烧自己，成就钢铁

焦炭要通过一道道的“体检”关，按照标准规定合格后才能走进炼铁厂，“体检”项目有化学成分、灰分、强度等。合格的焦炭将与铁矿石、烧结矿、球团矿及其他辅料结伴而行，一起进入高炉炉膛，各司其职，共同完成一项“点石成金”的奇迹——矿石变铁水。

焦炭块

焦炭有以下作用：

（1）为高炉夜以继日地工作提供不竭的动力。在炉膛下部焦炭与热风炉送来的热空气发生剧烈的碳氧反应，焦炭燃烧的同时释放出大量的热，始终维持了反应区 1200~1500℃高温所需要的热能，以保证同行伙伴们处于熔融状态。

（2）源源不断地提供充足的还原剂——煤气（一氧化碳），并始终保持炉膛内的还原性气氛。焦炭在燃烧时，碳与氧反应，除了产生大量热能外，还生成了一氧化碳和二氧化碳。二氧化碳又与碳反应再次生成一氧化碳。一氧化碳是强还原剂，在高温下，它与熔融态矿石中的氧化铁发生还原反应，还原出铁成为铁水，矿石中的脉石与其他辅料化为炉渣并与铁水分离。多余的一氧化碳（煤气）从高炉上部逸出，经煤气回收装置净化除尘后被重新利用。

（3）高炉顺行的顶梁柱。高炉源源不断地吃进炉料，且炉料缓缓下行，炉膛下部的炉料在高温下处于熔融软化状态，炉膛内的物料形成“上凉下热”的料架，在巨大的炉料下行压力下，空隙变小，气流不畅，随时都有发生炉料垮塌的可能。由于焦炭在高温下有一定的强度和抗压性，在高炉内始终呈固态，能支撑起炉内料架，防止堵塞、垮塌，起到了顶梁柱的作用；同时，焦炭的块度大于块矿、烧结矿或球团矿，焦炭之间存在大量的空隙，为炉内炉料提供了良好的透气性，为高炉平安顺行保驾护航。

第二章｜ 高炉美食“粗粮细作”

古语云：“粮草未动，兵马先行。”炼铁高炉这只巨兽不但吃得多，还要吃得好,否则就要闹情绪,出渣多,出铁少。炼铁工人为了多出铁出好铁，千方百计“粗粮细作”，制作出高炉爱吃的“香饽饽”——烧结矿和球团矿，再加上块状铁矿石，一桌丰盛的炼铁原料大餐呈现在高炉的面前。

第一节 “铁哥们”来聚会

在人类赖以生存的美丽星球上，蕴含着各种化学元素，已探明地壳中铁元素的含量仅次于氧（O）、硅（Si）、铝（Al）而位居于前列。在自然界中，金属状态的纯铁是极少见的，一般都与其他元素结合成化合物而存在，历经地质变迁，形成了“性情各异”的含铁矿物，即铁矿资源，如磁铁矿、赤铁矿、褐铁矿及菱铁矿等。

我国是一个铁矿资源并不富有的国家，能直接用于冶炼的富矿越来越少，使得人们不得不开采贫矿（品位在 25%~40%）。但是贫矿直接入炉冶炼是不经济的，因此，除粒度 10~45 毫米的富矿（即块状铁矿石）可直接入炉外，贫矿在入炉前都必须经过选矿处理，对矿石进行破碎、研磨、精选，以提高矿粉品位。然而，小粒度矿粉并不符合高炉冶炼的要求，对于开采和筛选出的含铁矿粉都必须经过造块使铁矿粉富积，才能入炉冶炼。其中，细粒度的铁精矿粉（粒度小于 0.074 毫米的占比 80% 以上），经添加膨润土、含铁返矿等，作为球团生球造块的主要原料；对铁含量较高、粒度小于 10 毫米的铁矿粉，作为烧结生产的主要原料。

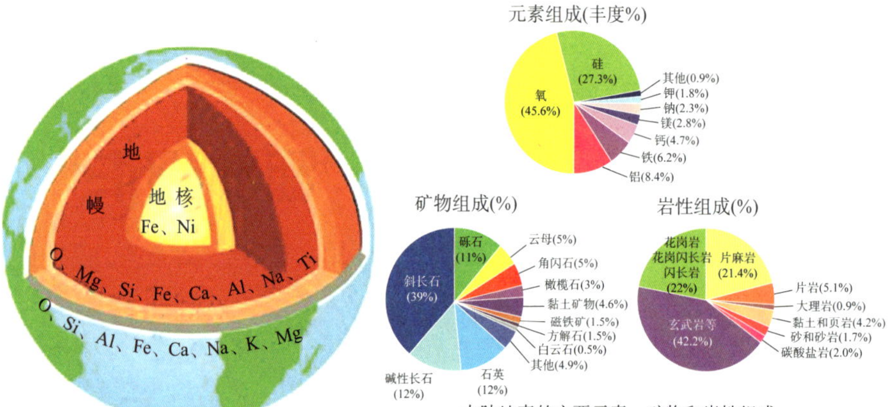

大陆地壳的主要元素、矿物和岩性组成

■ 磁铁矿　■ 赤铁矿　■ 褐铁矿　■ 菱铁矿

那么，为什么要用几种原料，能不能只用一种呢？答案是不可以的哦！烧结矿是高炉的主要原料，约占原料重量的 70%，但烧结矿强度较低，为尽量提高强度，需使用高碱度（CaO/SiO_2 大于 1）烧结矿；搭配后的入炉原料碱度基本为 1，正如人体要保证酸碱平衡一样，这样高炉才不容易“生病”。因此，需要加入酸性的球团矿或块矿。块矿价格低于球团矿，但性能没有球团矿优良，因此，块矿配加比例一般不大于 15%。

人造块矿的形成，是含铁料提高强度和块度的富集过程，也是铁氏族群“脱贫至富”的成长历程。如果你有兴趣，就让我们一起目睹人造块矿的成长，去见识它们的前世今生吧！

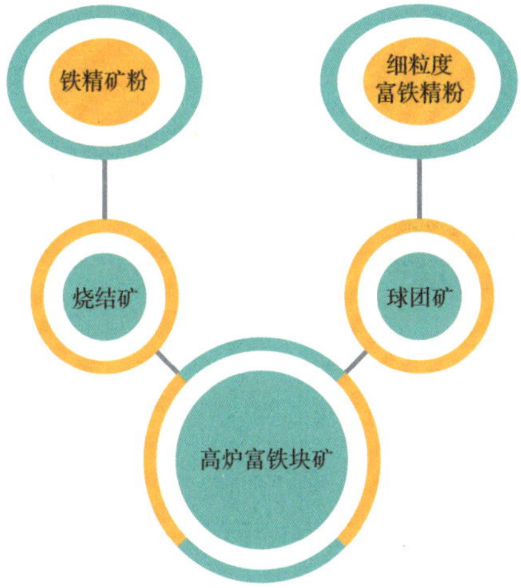

铁的富集——烧结矿和球团矿

第二节　齐聚一膛　烧结块矿

披萨在日常生活中广受欢迎。要烹制出美味的披萨，需要准备材料、和面、组装、烘烤等过程。烧结矿的烧结工艺与做披萨异曲同工。

为了将粉状和细粒状的含铁物料制成具有良好冶金性能和物理性能

斗轮堆取料机

的烧结矿，需要经过配料、混料、制粒、布料、点火烧结、破碎与筛分、成品熟料等过程，这些都是人造块矿的必要环节。

俗话说“巧妇难为无米之炊”，铁矿粉烧结同样需要进行科学地配备物料，让烧结生产如同烹饪美食一样，准备优质的“食材”尤为重要，包括铁矿粉、焦炭、石灰粉、白云石粉等。要想得到成分稳定、粒度均匀的烧结原料，需要对铁矿粉混匀，用堆取料机对矿粉进行混匀作业，并进行适当的堆存、仓储。

钢铁企业为了生产出优良的烧结矿，根据各企业的具体情况，购进不同性质、不同价格的含铁富矿粉。针对各类精矿粉的物理性能、化学成分及烧结性能，结合生产工艺实际，进行合理配矿，以期实现优质、高产、低成本的烧结生产。

滚筒干燥制粒机

铁矿粉烧结是将“铁氏兄弟”汇聚一“膛”，烧结成符合高炉冶炼的块状含铁料，因此享有“钢铁第一烧”的美誉。

对混合均匀的含铁料，还需进行烘干脱水，并配加焦炭、碱性熔剂（石灰粉、白云石粉等）进行制粒，通常采用旋转滚筒方式获得一定粒度、水分合适的烧结原料。

为了获得满足后续炼铁需求的中间产品——优质烧结矿，在烧结机台车上首先要将含铁原料、熔剂、燃料进行铺展布料。烧结料层上中下温度不均匀易引起烧结饼质量偏析，上层温度低、高温带窄，黏结量不足，烧结成品强度差、粉末多；下层有自动蓄热作用，料层温度高、高温带宽，烧结饼过熔化，还原性能差。只有采用合理的设备及布料法（一般采用梭式布料器），才能实现均匀烧结，消除因布料偏析及物料各层温度不均产生烧结不均匀性的问题。

布料、点火：如同烙饼一样，将混合均匀的原燃料均匀平铺在烧结台车上，采用煤气点火，沿烧结机头→机尾逐渐燃烧。

烧结（煤气）点火炉

梭式布料器在台车矿槽上运动，有利于混合料均匀分布，减少布料时横向偏析

烧结机布料示意图

由于烧结料层从上至下温度不同，烧结料产生会分层现象，分别为烧结矿层、燃烧层、预热层、干燥层、过湿层。经高温烧结成形的烧结热矿，还需采用破碎、冷却及筛分工艺，才能得到满足后续炼铁要求的成品烧结矿。

破碎、冷却：烧结热矿由烧结机尾卸下至辊式破碎机破碎，再将热态烧结矿散布于环冷机上，冷却后以备筛分、输送。

在现代冶金烧结生产中，为得到较小块度成品烧结矿，由带式烧结机生产的较高温度的烧结料块普遍采用有齿辊式破碎机进行破碎。一般在烧结机尾装配双齿辊破碎机或单辊破碎机对烧结机台车卸下的热矿进行机械破碎。

单辊破碎机

双齿辊破碎机

破碎后的小块度热矿还需经给料装置（给料漏斗、给料槽等）连续、均匀地撒布于环冷机上，由环冷机下方鼓入冷空气对热矿进行快速冷却，进而得到块度和温度适宜的人造含铁块矿——烧结矿。

冷却后的烧结块矿为了满足高炉炼铁对块度、强度等要求，还需筛分处理。一般来说，对于环冷机排出的冷却烧结矿先经过固定筛，筛下部分落入下游皮带，筛上部分再经双齿辊破碎机破碎，破碎烧结矿并入固定筛筛下部分由下游皮带送入二次、三次、四次振动筛进行筛分，粒度符合要求（通常要求粒度大于 5 毫米）的烧结矿输送至高炉，筛下部分经返矿槽送至烧结配矿。

环冷机

第三节 聚“沙”成“团”球团矿

过于细小的含铁散料，无法烧结成块，满足不了高炉“囫囵吞料”，于是，现代钢铁工业兴起了一项与烧结技术相媲美的铁矿粉造块工艺技术——球团技术。

简而言之，球团就是采用一定的生产工艺获得高炉炼铁所需的圆球状含铁料的过程。球团矿就是通过球团工艺技术生产出球状含铁熟料。

含铁散料

球团矿

在日常生活中，汤圆或元宵的制作过程大家都不陌生，一般需要经过配料、混匀佐料、滚块成形（挤捏成形）、生团煮沸等烹制过程。通过精选食材，确保配备优质、适宜的原佐料，使用娴熟、精益的生团成形方法，以及控制煮沸过程合适的火候等必要条件，方能烹制出美味可口的汤圆或元宵。同样，细粒铁矿粉要想转变为大粒径的球状含铁块矿，也需要经历类似汤圆制作的几个步骤：

优质“食材”的准备，即原料的准备，包括含铁精矿粉，需经磨矿、干燥、中和混匀等

↓

向“食材”中加入熔剂（石灰类、白云石类等）、黏结剂（膨润土、水玻璃、沥青等）、其他冶金返料等“佐料”来提升成品球团矿的品质

↓

向混匀料中加入一定比例的水分，经特有的设备或工具（如造球机）加工成一定大小的圆球状生球

↓

为了满足后续高炉“食用”（即熔化、冶炼）的要求，还需对生球进行“烹制”（高温焙烧）为熟料

↓

加工好的高温熟料经过降温冷却，再筛分优选出适合高炉“胃口”（即粒度、性能适合炼铁）的成品球团矿

圆盘造球机　成品球团矿

生产球团都需要先进行生球成形，犹如植物种子的孕育萌芽阶段，将各类有营养的物料（球团所需的原辅料）汇聚一起，形成大小合规、料粒密实饱满的含铁生球。目前，广泛采用将铁矿粉、熔剂（活性石灰）、膨润土、黏结剂等混匀后，在圆盘造球机中受外力作用下进行生球成形。

球团矿生产工艺有三种：链箅机-

回转窑法、带式焙烧法和竖炉法，各种工艺特点鲜明，其主体设备体态各异，各显神通。

链箅机－回转窑法是一种以联合机组进行球团矿生产的工艺，是将含铁生球在链箅机上干燥、脱水及预热，再进入回转窑内进行焙烧，最后在冷却机上冷却为成品球团矿。链箅机为分段式干燥、预热，主要有两种：二段式——一段干燥，一段预热；三段式——一段鼓风干燥，一段抽风干燥和一段抽风预热。

带式焙烧法是利用带式机焙烧铁矿石的球团法，在世界上广泛应用，但因带式焙烧机法的复杂性高于链箅机－回转窑球团法，因此，该工艺技术没有在国内得到广泛发展。其主要过程是生球团在带式机（台车）上相对静止，通过台车上部鼓风、下部抽风的方式向生球传热和传质，以完成球团的干燥、焙烧和冷却。

竖炉法是将合格的生球送入竖炉进行焙烧，经过干燥和预热后在氧化气氛中高温焙烧固结，焙烧后的球团由链板机送入带冷机进行冷却，然后送入熟球场堆放。竖炉法由于技术比较落后，国外已淘汰，国内也不再推广。

2020 年全球生铁产量 13.2 亿吨，消耗铁矿石 23 亿吨。2020 年我国生铁产量 8.9 亿吨，铁矿石消费量 14.2 亿吨，真是名副其实的钢铁大国！

为什么矿石消耗会比生铁多那么多呢？矿石中含有大量的杂质——脉石，即使不含脉石，矿石中铁占比也不会超过 70%。因此，生产 1 吨生铁需要约 1.7 吨矿石。

世界最大的高炉每天需要多少“粮食”呢？目前世界最大的高炉是

韩国浦项制铁光阳厂1号高炉，容积为6000立方米，日产铁水1.3万吨，消耗原料约2.2万吨。

我国最大的高炉每天需要多少“粮食”呢？目前我国最大的高炉是沙钢集团5860立方米高炉，日产铁水1.28万吨，消耗原料约2.16万吨。

由此可见，高炉“钢铁大胃王”的称号，实至名归！

炼铁篇

高炉炼铁是当之无愧的“钢铁第一炼”。别看高炉外表高大魁梧，可“肠胃”却很娇气，稍有不慎就会“闹肚子”“便秘”“发烧”。既要保证高炉这位巨人吃饱，又要保证它吃好，光准备富有营养的美味佳肴还不够，如何消化彻底，保证“吞进去”的是“五谷杂粮”，“吐出来”的是“琼浆玉液”——优质铁水，是每个炼铁人追求的永恒目标。

第三章 | 铁花璀璨

一座座巍巍的高炉屹立着，热风炉不知疲倦地轰鸣。高炉电控室里一群年轻人正在操作计算机。对面的屏幕是高炉运行模型，五颜六色的指示灯在不停地闪烁着。这里是整个高炉生产系统的中枢机构也是高炉的“大脑”。在高炉生产过程中，所有的操作指令都是由高炉工长或者炉长从值班室里发出的，高炉工长在这里运筹帷幄，发出一道道指令，让高炉驯服地工作。这是炼铁厂的冰山一角，让我们走近去领略铁水奔流的壮观和震撼！

第一节 矿石是如何变成铁的

在高炉内，高温下碳和氧气反应生成一氧化碳，一氧化碳把铁从铁矿石（氧化铁、四氧化三铁）中还原出来，再实现铁和杂质的分离。

$$Fe_2O_3+3CO=\!=\!=2Fe+3CO_2$$

焦炭在灼热下跟空气中的氧气反应，生成二氧化碳，二氧化碳再被灼热的焦炭还原成一氧化碳。

$$C+O_2=CO_2$$

$$CO_2+C=2CO$$

铁矿石炼铁的反应是逐步进行的。如用的是赤铁矿（主要成分是氧化铁）时，它首先被一氧化碳还原生成四氧化三铁：

$$3Fe_2O_3+CO=2Fe_3O_4+CO_2$$

四氧化三铁再被还原成氧化亚铁：

$$Fe_3O_4+CO=3FeO+CO_2$$

最后氧化亚铁被还原成铁：

$$FeO+CO=Fe+CO_2$$

第二节　铁水奔流滚滚来

高炉，作为炼铁生产最高效的反应器，它的外表被钢结构、冷却壁、耐火材料等包裹，相当于是个“黑匣子”，看不见、摸不着，即使是专业人员也要通过检测数据间接判断内部的运行情况。高炉炼铁的过程简单来说就是矿石和焦炭从高炉上部装入，热风、煤粉从下部鼓入，下降的矿石和焦炭与上升的煤气不期而遇，产生了一段奇妙的“感情”。

一、“喂食”高炉

高炉虽然是“大胃王”，可不是什么东西都能吃，尤其是粒度必须合适，太小了，透气性就不好了（尤其炉料中的粉末不能太多）；太大了，在“肚子”

里不好“消化”，所以要把不适合高炉“吃”的、影响高炉“肠胃”的不合格“食品”清除出去。首先要对原燃料进行筛分。一般烧结矿粒度范围为5~50毫米，球团矿粒度范围为6~18毫米，块矿粒度范围为5~30毫米；焦炭粒度范围为25~75毫米。经过筛分的“食料”按配料要求，通过皮带或料车送到高炉炉顶的装料设备（现代大高炉一般都采用无料钟炉顶装料设备）。料车或主皮带将炉料输送至上料罐，打开上密封阀后，炉料进入下料罐，关闭上密封阀，进行均压，再打开下密封阀和料流调节阀，炉料经过旋转布料器布入炉内，然后关闭下密封阀和料流调节阀，下料罐排压，再进入下一个装料循环。

串罐无料钟炉顶远景图

炉顶装料设备核心部件——齿轮箱

由料罐下来的炉料通过布料溜槽均匀地“撒播”在炉内。聪明的工程师们把高炉炉喉截面分成11个等面积圆环，通过设定重量，控制每个圆环的装料量。

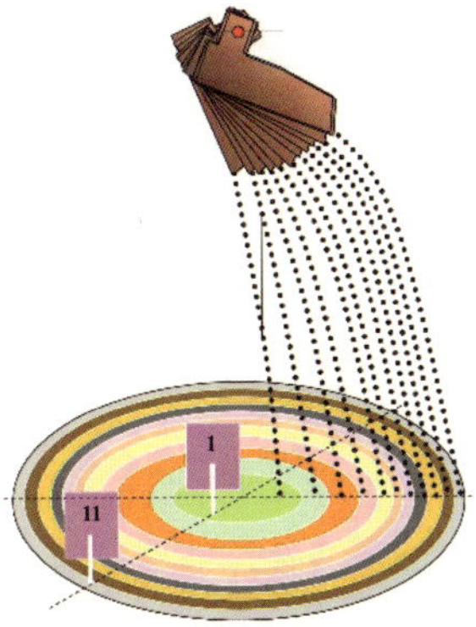

炉料落到11个等面积圆环中心

除焦炭外，煤粉也是炼铁燃料的成员之一。煤粉从高炉风口喷入炉内，可燃烧产生热量，提供还原煤气。此外，煤粉价格较焦炭低，能节约稀缺的主焦煤资源，减少炼焦过程对环境的污染，是结构节能、节焦降本的重要手段。

但煤粉因其无法支撑料柱而不会全部替代焦炭。

煤粉通过管道被输送到高炉，如果颗粒过大会造成堵塞，因此，先用磨煤机把煤粉磨细，再送到高炉附近，最后经过煤粉分配器分配后送入高炉。

磨煤机

煤粉分配器

二、高炉的“消化”功能

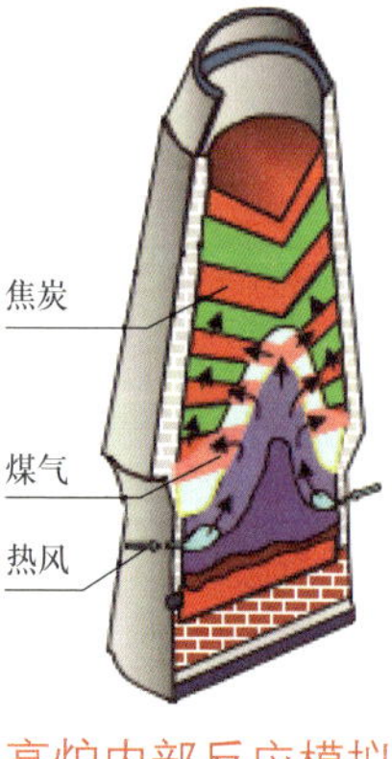

高炉内部反应模拟图

和人消化食物一样，炉料在进入高炉以后也要进行“消化”，主要可分为三个过程：

还原过程——实现矿石中金属元素（主要是铁）和氧元素的化学分离；

造渣过程——实现已还原的金属与脉石的熔融态机械分离；

传热及渣铁反应过程——实现产出成分与温度均合格的液态铁水。

三、高炉的“呼吸”

维持高炉顺行（保证煤气流合理分布及炉料均匀下降）是冶炼过程的关键。其实高炉也是有“生命”的，也需要“呼吸”顺畅，透气性指数就是反映高炉呼吸顺畅度的一个关键指标。高炉下部鼓入的热空气与碳反应生成一氧化碳，顺利穿过料层，完成还原反应，从高炉顶部逸出，那么，大自然无私馈赠给人类的空气，是怎样“蜕变”成高炉所需要的高压力、高温度的风呢？

鼓风机是高炉最重要的动力设备，风机房就是高炉的“肺”。它不但直接提供高炉冶炼所需的氧，而且提供克服高炉炉料阻力所需的气体动力。

空气是通过热风炉被加热至高温的。高压力的风经过高温的热风炉格子砖空隙时，与格子砖发生热交换，从而被加热。一座高炉通常配备 3~4 座热风炉，以便加热与送风能交替进行，一座热风炉可送风约 1 小时。

为了热风能均匀地进入高炉，从热风炉过来的热风通过热风围管均匀分配到各支管，通过各风口送进高炉。

鼓风机

热风炉

热风围管

四、高炉冶炼的产品

对人来说，吃进去的东西，吸进的新鲜空气，补充完体内能量消耗，剩下的残渣总要排出体外。高炉也是一样，“吃”进原燃料，“吸”进空气，为高炉提供了能量，经过上上下下的“消化”过程，“孕育”了什么？“排泄”了什么？“呼”出的又是什么？

/ 铁水 / 这是高炉“孕育”出的宝贝，也是高炉生产的主要产品。炉前工按时用开口机把高炉铁口钻开，约 1500℃的铁水靠炉内压力流出来，将通过铁水罐车送往下道工序。出铁完成后用泥炮将铁口堵住。泥炮中填充了一种耐火材料——炮泥，以大于高炉炉内压力和铁水流动的压力将炮泥“打”入，形成泥包，待下次出铁时再用开口机钻开铁口。

/ 炉渣 / 这是高炉的主要“排泄物”，它由矿石中的脉石、燃料中的灰分和熔剂（一般是石灰石）中的非挥发分形成的固体废物组成。高温熔融的热态的炉渣经过用水急速冷却而成为粒化泡沫状态的水渣，它是硅酸

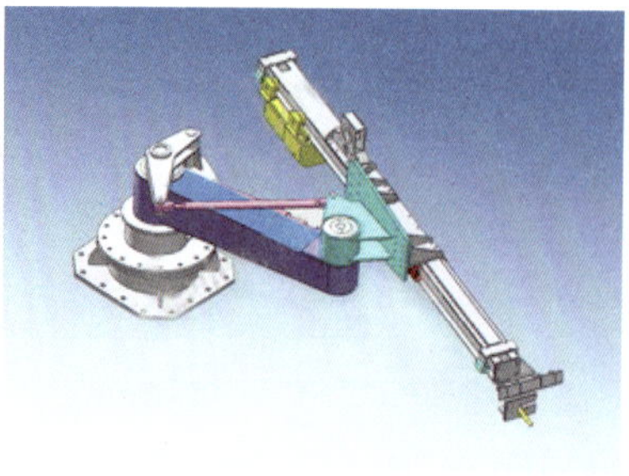

■ 开口机

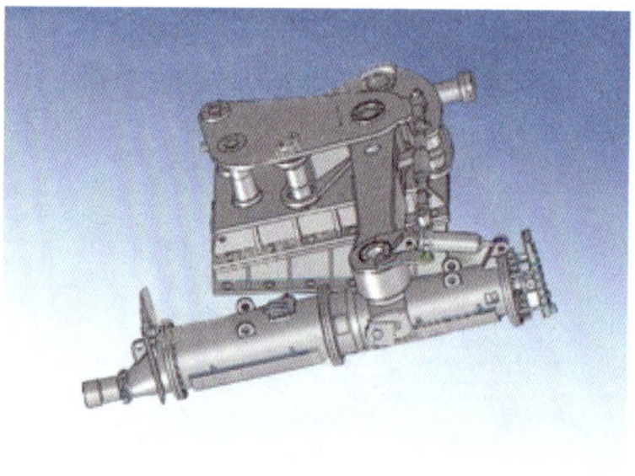

■ 泥炮机

盐建筑制品和吸声及隔热层、吸水层的好原料。1 吨生铁能产生 300~500 千克水渣。炉渣因密度小于铁水，所以浮在铁水上面，出铁时通过撇渣器和铁水分开。

/ 高炉煤气 / 高炉在生产过程中会从炉顶“呼”出“废气”，焦炭和煤粉在高炉内燃烧，产生大量的粉尘和二氧化碳、一氧化碳等气体，它们统称为高炉煤气。炼铁系统的能源和资源消耗约占钢铁企业的 70%，粉尘、二氧化硫、氮氧化物等污染物和二氧化碳约占 50%。目前高炉“废气”已做到“吃干榨净”。

高炉煤气自炉顶排出后，通过重力除尘器把煤气中的大颗粒沉降下来，因此也称为粗除尘；再经过布袋除尘器，它可清除粒径 0.1 微米以上的尘粒，除尘效率达 99%。这样，“废气”中的颗粒基本就清除干净，可以继续进行利用了：

（1）利用高炉煤气的余压进行发电。高炉煤气的压力约为大气压的 2 倍，温度约 100℃，流量也很大，如果不利用就排放实在可惜。透平膨胀机（TRT）可以利用高炉煤气具有的压力能及热能进行发电。现在每吨铁发电约 50 度，全国每年高炉煤气发电量相当于三峡大坝发电量的三分之一以上（2021 年三峡电站发电 1036 亿度）。

■ TRT 发电系统

■ 透平膨胀机

（2）高炉煤气中的一氧化碳、甲烷等可燃物还可以继续利用。高炉煤气要在“生命”的最后燃烧自己、照亮大家。净化后的煤气也可用作发电，还可作为热风炉、烧结厂、球团厂的气体燃料。

■ 高炉煤气发电锅炉

第三节　炼铁还需铁护身

高炉是冶炼铁水的设备，它承受着高温、高压、高腐蚀，有时候连续几个月不“休息”，甚至工作十几年才“大休”一次。俗话说“打铁还需自身硬”，高炉是怎样做到的呢？

一、合理的炉型是“自身硬”的前提

高炉本体使用焊接的钢板炉壳，在炉壳内表面上固定有冷却设备，在壳内砌筑或喷涂耐火材料；高炉本体结构与人相似，由炉喉、炉身、炉腰、炉腹和炉缸组成，它们都有什么作用呢？

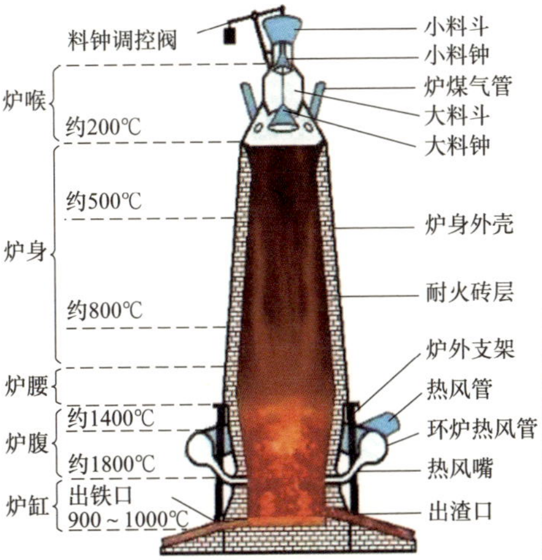

■ 高炉本体原理图

■ 建设中的高炉本体

/ 炉喉 / 人的喉咙是空气、食物通向肺、胃吐出二氧化碳的通道，高炉的炉喉位于高炉本体的最上部分，为圆筒形，既是原料和焦炭的加入口，也是高炉煤气的导出口。

/ 炉身 / 炉料在这里和煤气发生亲密接触，并由固态逐渐转化为液态。它位于炉喉的下部，高度占高炉有效高度的 50%~60%，呈圆锥台形，由上向下逐渐扩大。那么，它为什么设计成圆锥台形，而不是圆桶形呢？因为炉料遇热体积会发生膨胀，所以下部要比上部“胖”一些。

/ 炉腰 / 炉渣在炉腰部位形成，它阻碍了煤气向上运动，为减少煤气的阻力，设计师把高炉的“腰围”扩大。因此，它也是高炉直径最大的部位。

/ 炉腹 / 炉料主要在这个部位熔化成液态铁水，体积会有收缩，因此直径由上到下逐渐缩小。

/ 炉缸 / 燃料在这里燃烧，炉渣和生铁也在这里反应，因此，炉缸底部也是受各种侵蚀最为严重的部分，它的健康状况决定了整座高炉的寿命。

开炉前站在高炉内底部看顶部

开炉前高炉内本体

二、高炉的“冰丝铠甲”

高炉内衬温度高达 1400℃以上，而外侧是常温，任何材料长时间经受如此大的温差，寿命都要大大降低，既影响高炉的顺行，又有严重的安全隐患。因此，整个高炉本体穿有“冰丝铠甲”——水冷炉壁，它能把炉衬内的热量及时传导出去。

冷却壁一体化“协同作战”。水经冷却壁内通道从下部进入，从上部出来，各段之间用金属管连接。冷却壁的材质主要为铸铁、铸钢或铜。其中，铜冷却壁的铜含量可达到99.95%以上，具有热阻小、热承载能力大等优点。

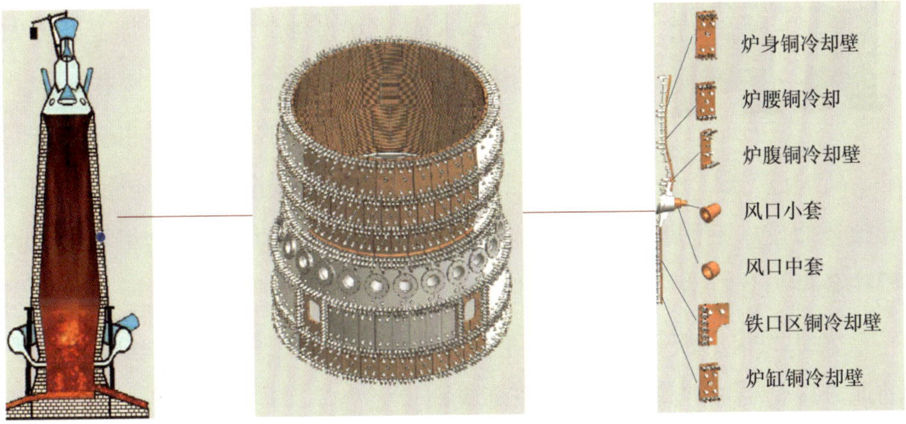

■ 高炉本体各部位冷却设备

■ 铜冷却壁

■ 冷却壁间连接管

三、“高瘦”变“矮胖”

随着生活水平提高，肥胖现象越来越严重，就连高炉也不能幸免，近几十年新建的高炉，身材逐渐由过去的“高瘦”变得“矮胖”，这是为什么呢?

高炉的身材是用高炉的“身高”和“腰围”比，也即高炉本体的高

度和炉腰直径的比值来衡量。高炉“变胖”也是“生活”条件变好导致的，随着原燃料质量变好，同时采用高压操作等高炉强化冶炼措施，煤气在高炉内停留时间变长，能更高效地与矿石反应，也就不需要把高炉建得那么高了，再加上高炉大型化的快速发展，高炉自然就变得“矮胖”了。

然而，过于“矮胖”的身材同样也会带来问题。高炉过“矮”会使煤气过快到达炉顶，一氧化碳没能充分还原铁矿石，导致还原反应不彻底，造成碳的浪费。因此，优秀的设计师会根据高炉的操作条件为其打造合适的身材比例。

火红的铁水被装上铁水罐车，它即将告别自己的故乡，去一个陌生的地方接受更加严苛的考验，百炼成钢。

炼钢篇

来自高炉的铁水静静地躺在鱼雷罐里，来到了一个陌生地。硕大的梨核式的转炉正在二次装料，炉火通明；不远处一座炉外精炼炉正在出钢，钢花飞溅，钢水如注，绚丽壮观；几米之高的旋转台放置着三个钢包，经过中间包正在连铸，拉出来像红布匹一般的铸坯在缓缓移动；定尺切割的连铸板坯整整齐齐地堆放在那里，正等待外运。这是炼钢车间的一角，铁水将在这里浴火重生百炼成钢。

第四章｜ 百炼成钢

通过高炉冶炼得到的铁水通常称为“生铁”。明代宋应星在《天工开物·五金》中写道：“凡铁分生、熟，出炉未炒则生，既炒则熟。”这句话形象地道出了“生铁”名词的由来及炼钢过程的意义。生铁的含碳量一般在2.11%~4.3%，并含有硅、锰及少量硫、磷等元素，又硬又脆，难以锻造，实在是“恨铁不成钢”。而钢的含碳量在0.02%~2.11%，强度高，硬度大，韧性强，延展性好，易于机械加工。因此，生铁必须经过再次冶炼才能浴火重生为钢。

第一节 钢的“浴火重生”

一、炼钢的前世今生

中国是世界上最早生产钢的国家之一。考古工作者曾经在湖南长沙杨家山春秋晚期的墓葬中发掘出一把铜格“铁剑”，通过金相检验，证明是钢制的。这是迄今为止我们见到的中国最早的钢制实物。西汉时期还发明了炒钢法，即利用生铁“炒”成熟铁或钢的新工艺，产品称为炒钢。同时，还兴起“百炼钢”技术，人们以炒钢产品作为原料，反复加热折叠锻

打，使产品中的碳和夹杂物减少，使钢细化和均匀化，大大提高了钢的质量，常用来制造名刀宝剑。于是，“千锤百炼”“百炼成钢”等成语流传至今。汉代以后，发明了灌钢方法。《北齐书•綦母怀文传》称为“宿钢”，后世称为灌钢，又称为团钢。这是中国古代炼钢技术的又一重大成就。现代炼钢技术，是从1740年英国的亨茨曼发明坩埚炼钢法开始的，这种方法虽然提高了产量，但是一次也只能炼几十公斤，仍然不能使钢大展雄姿。

亨利·贝塞麦（1813—1898）

钢铁史上最重大的突破是在1856年。当时亨利•贝塞麦（Henry Bessemer）发现，将融化的生铁放进转炉内，从底部吹入高压空气可有效降低生铁中的碳含量而炼成钢。这是首创大量产钢的方法，这种炼钢转炉也以贝塞麦的名字而命名。此后，欧洲、美洲都引进了这一先进方法，世界进入了钢铁时代。贝塞麦转炉炼钢法是近代炼钢法的开端，它为人类生产了大量廉价钢，促进了欧洲的工业革命。

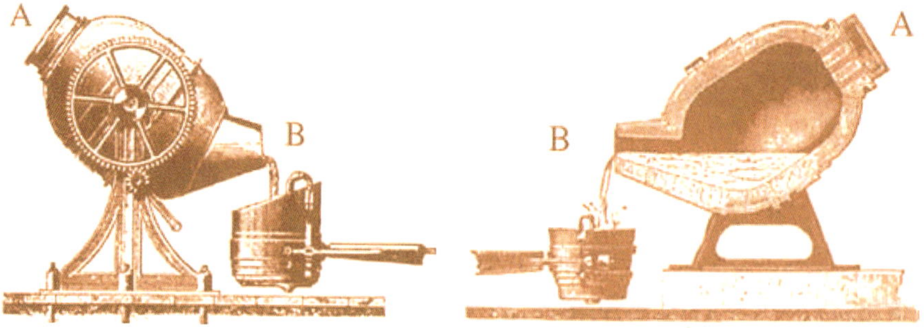

贝塞麦发明的转炉

垂直状态时，风从“风箱”吹进炼钢炉，通过熔融的生铁，把铁中的大部分碳烧掉，从而得到钢；然后把转炉倾斜，让钢水从炉口流出来。

1854年，英国著名发明家亨利·贝塞麦研制出的新式步枪和新式大炮被广泛应用到战场上，由于当时制造武器的材料质量低劣，炮膛很容易炸裂，贝塞麦理所当然地把目光聚集到了坚硬的材料——钢的身上。有一天，贝塞麦在实验室里检查鼓风机的时候，突然发现坩埚边上的一片铁片已经变成了钢。原来铁片黏在坩埚的边缘，随着坩埚加热的同时吸取了鼓风机吹来的大量氧气，生铁里的碳被氧化从而变成了钢片。通过这次发现，贝塞麦很快就设计出了从坩埚底部吹进氧气帮助氧化的方法，进而发明了新式转炉。这种转炉是一个架在转体上的罐状装置，可以自由地旋转、倾斜，方便装载和卸载成钢。使用时，先将纯质铁水倒入罐中，再将强烈的热风从炉底吹入，只要等待十几分钟，钢就被炼成了。

贝塞麦转炉炼钢法在冶炼史上具有划时代的意义，它标志着有几千年历史的“铁时代”已经结束，“钢时代”即将来临。

1861年，在转炉炼钢风行的同一时期，维尔纳·冯·西门子发明了带有蓄热室的炼钢炉。1864年，法国工程师皮埃尔-埃米尔·马丁改造了炉体，用废气预热的蓄热炉将空气和燃料进行预热以提高炉温，将生铁和废钢炼成了优质钢。由于其炉体形状低平，又有一个比较平展的熔池，故常称为“平炉”，亦称“西门子-马丁炉”或“马丁炉”。此法虽冶炼时间较长，但方便控制钢水成分，而且熔池大，产量高，每炉可产上百吨钢水。此外，它的原料既可用生铁、铁水，也可用废钢、铁屑、熟铁和矿石，加之炼出的钢成分均匀，质量稳定，可生产优质钢，从而渐渐取代了贝塞麦工艺成为主流。进入20世纪80年代后期，伴随着钢铁连铸技术的发展，曾经“功勋卓著”的平炉被淘汰，最终退出了钢铁生产的历史舞台。

位于勃兰登堡工业博物馆的一台西门子－马丁烤钢炉

20 世纪初，出现了电炉炼钢。电炉炼钢法主要利用电弧热，在电弧作用区，温度高达 4000℃。在电炉内不仅能造成氧化气氛，还能造成还原气氛，因此脱磷、脱硫的效率很高。以废钢为主要原料的电炉炼钢，比之前转炉炼钢法基建投资少，同时由于直接还原的发展，为电炉提供金属化球团代替大部分废钢，因此就大大地推动了电炉炼钢的发展。

20 世纪 40 年代，大型空气分离机的出现使氧气制造成本大大降低，这样为氧气在炼钢中的应用奠定了基础。瑞典人罗伯特·杜勒首先进行了氧气顶吹转炉炼钢的试验并获得成功。1952 年，奥地利的林茨城 (Linz) 和多纳维兹城 (Donawitz) 先后建成了 30 吨的氧气顶吹转炉车间并投入生产，所以此法也称为 LD 法。美国称为 BOF 法（Basic Oxygen Furnace）或 BOP 法（Basic Oxygen Process）。由于氧气转炉炼钢法生产效率高、成本低、便于自动化操作，产品质量可与平炉炼出的钢相媲美，所需时间却只有平炉的十分之一，一经问世就在世界范围内得到推广和发展，并逐步取代平炉。1978~1979 年成功开发了转炉顶底复合吹炼工艺，即从转炉上方供给氧气（顶吹氧），从转炉底部供给惰性气体或氧气，它不仅提高了钢的质量，降低了消耗和吨钢成本，而且更适合供给连铸优质钢水。

二、殊途同归

随着钢铁企业对提高产量质量、扩大品种、节能减排和降低成本的重视，以及铁水预处理、复吹转炉、炉外精炼、连铸技术的发展，现代炼钢生产工艺发生了很大变化，已由单纯用转炉炼钢发展为铁水预处理—复吹转炉吹炼—炉外精炼—连铸等复合的工艺流程，完全打破了传统的转炉炼钢模式。

目前，我国由于电力和废钢相对不足，国内传统钢材产品基本都以转炉炼钢为主，电炉主要用于冶炼优质钢和合金钢。炼钢生产工艺流程主要有 3 种：

(1) 转炉流程：铁水预处理—转炉—二次精炼—连铸。

(2) 电炉流程：电炉—二次精炼—连铸。

(3) 特种冶金：电渣重熔、真空感应熔炼、真空电弧重熔、电子束熔炼、等离子熔炼等（如钛合金生产）—锻造或轧制。

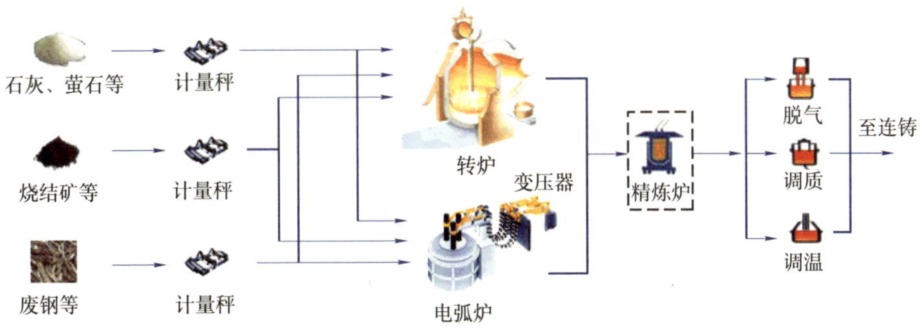

转炉、电炉系统炼钢生产工艺流程

三、揭开炼钢的神秘面纱

炼钢最主要目的就是把生铁中过高的含碳量降低。对于钢材，磷元素是有害元素，它会降低钢的塑性和韧性，需将其含量限制在0.05%以下。同时，硫元素也是有害元素，它会使钢的热脆性变大，也需将其含量限制在0.05%以下。但是，锰元素却可以增加钢材的坚固性、强度和耐磨损性。除此之外，硅元素也有助于增强钢材强度。所以，炼钢时需要除去生铁中磷、硫等影响钢材性能的元素，同时保留或增加硅、锰等元素并调整元素之间的比例。

元 素	生 铁	钢	对材料的影响
C	3.5%~5.0%	0.001%~1.2%	增加钢的强度和硬度，但对韧性产生不利影响
P	0.05%~0.40%	0.002%~0.04%	引起钢的“冷脆”性，钢的塑性和冲击韧性降低，钢的焊接性能与冷弯性能变差
S	0.015%~0.30%	0.0005%~0.04%	造成钢的“热脆”性，会使钢的热加工性能变坏
Si、Mn等合金	0.05%~0.80%	根据钢的性能要求	不同合金元素对钢的组织性能影响各异

炼钢的目的可以归纳成8个字：“四脱二去，调温调质”：

“四脱”——脱碳、脱磷、脱硫和脱氧；

“二去”——去除钢中气体，去除钢中杂质；

“调温”——调整温度，为浇成合格的钢坯创造条件；

“调质”——合金化，以冶炼出符合要求的钢种。

炼钢篇

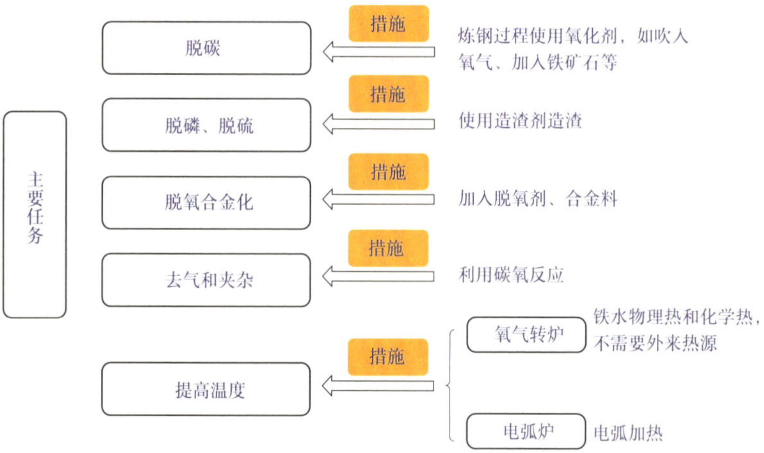

■ 炼钢基本任务及措施

无论是转炉炼钢还是电炉炼钢，其原理都是一种氧化还原过程，以及从固态、液态再到固态的物理变化过程。在反应中，在不同温度下，金属、非金属的活泼程度不同，反应秩序也是有先后之分的。总之，在小小的炉膛里，包容了许多学科如热力学，化学、物理学的深奥理论。

炼钢中的典型化学反应：

脱碳 $[C]+[O] \longrightarrow CO$（炉气）

造渣脱除残余元素

脱硅 $[Si]+2[O]+2[CaO] \rightleftharpoons (2CaO \cdot SiO_2)$

脱锰 $[Mn]+[O] \rightleftharpoons (MnO)$

脱磷 $2[P]+5[O]+3(CaO) \rightleftharpoons 3(CaO \cdot P_2O_5)$

脱硫 $[S]+[CaO] \rightleftharpoons (CaS)+[O]$

[ ] 表示溶于铁液中组元，( ) 表示溶于渣中组元

第二节　走近转炉炼钢

一、炼钢的“食材”和“佐料”

有人说炼钢就像大厨炒菜一般，冶炼不同钢种就像烹饪不同的菜系，

各自都有自己的绝门独技。炼钢的原材料，就是厨师准备的食材。添加的合金元素、铁合金、脱氧剂等，就像厨师烹饪时添加的佐料，常常能起到锦上添花的作用。炼钢时刻都关注炉温的变化，什么时候该加什么料，什么时候该降温、升温，什么温度该出炉，这些都有讲究，就像大厨在炒菜时也要看火候，该温火还是该猛火，什么时候该下菜，什么时候该出锅，处处都彰显着大厨的功力。

那么，炼钢的“食材”和“佐料”具体有哪些呢？

/ 炼钢炉料 / 来自高炉经过预处理的铁水是炼钢的主要原材料，一般占装入量的 70%~100%，也是转炉炼钢的主要热源；废钢既是铁源，也是冷却剂，占装入量的 10%~30%；此外还有造渣溶剂原材料（石灰、石灰石、铝矾土、萤石、铁矿石等）、合金添加剂（铁合金、脱氧剂等）。炉料的准备是炼钢的重要工序，炉料的质量直接影响炼钢的效率和钢水的质量。入炉前废钢必须要经过分拣，剔除有害废品废料、切割、压块等：造渣原料也必须经过成分检验合格并经烘烤后才能入炉。

/ 氧气 / 炼钢的过程随时随地需要氧气的供给。氧气负责提供氧化剂与碳及硅、锰、磷、硫等杂质元素反应，有利于放热反应的进行，促进燃料燃烧，加速原料和难熔合金的熔化，缩短冶炼周期。

二、转炉炼钢冶炼过程

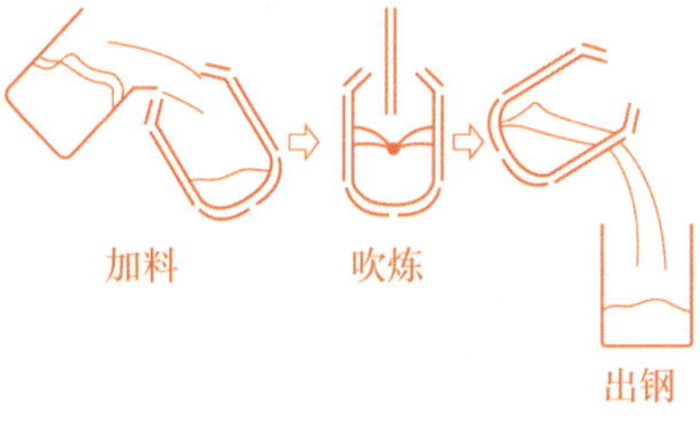

就像食材在进入炒锅进行烹饪之前要先清洗一样，高炉炼出的铁水在进入转炉吹炼前，需要先对铁水中的硫、磷等有害元素进行“清洗除杂”，以简化后续炼钢过程，提高钢的质量。

炼钢开始时，先清除炉内的炉渣，再向转炉内注入 1200~1300℃经

正在加废钢的废钢槽（右）及等待加入铁水的铁水包（左）

预处理的铁水以及一定量的废钢和生石灰，然后鼓入空气，转动转炉使其直立起来。在这一过程中，铁水表面会发生剧烈反应，使硅、锰氧化生成炉渣，并利用对流作用使反应充分进行。经过一段时间，钢液中只剩下少量的硅和锰时，碳元素开始氧化，生成一氧化碳并释放出大量热量，使钢液剧烈沸腾，溢出炉口的一氧化碳会燃烧产生巨大的火焰。最后，磷元素也会发生氧化反应并进一步生成磷酸亚铁。磷酸亚铁与生石灰反应生成磷酸钙和硫化钙从而形成炉渣。当磷、硫逐渐减少，火焰消退，炉口出现褐色的四氧化三铁蒸气时，钢便已经炼成。最后，将转炉转到水平位置，钢水倾至钢水包内，再加入脱氧剂进行脱氧。整个过程仅30分钟，而且不再另外添加其他燃料就可炼一炉钢，甚至可做到“负能炼钢”。

上炉出完钢后，加改质剂调整炉渣黏度，溅渣护炉后倒完残余炉渣，然后堵出钢口。加入底石灰，减缓废钢对炉衬的冲击。装入废钢和铁水后，摇正炉体，下降氧枪至规定枪位，开始吹炼。加入石灰保证炉渣碱度、加入轻烧白云石保证炉渣氧化镁含量

当氧流与熔池面接触时，硅、锰、碳开始氧化，称为“点火”。点火后约几分钟，初渣形成并覆盖于熔池面。随着硅、锰、磷、碳的氧化，熔池温度升高，火焰亮度增加，炉渣起泡，并有小铁粒从炉口喷溅出来，此时应适当降低枪位

吹炼中期脱碳反应激烈，渣中(FeO)降低，致使炉渣熔点增高和黏度加大，并可能出现稠渣(“返干”)现象。此时应适当提高枪位，并可加入氧化铁皮(或矿石)，也可考虑加入萤石，但要防止“喷溅”

吹炼末期，[C]降低，脱碳反应减弱，火焰变短而透明。确定吹炼终点，并提枪停止供氧(称为“拉碳”)、倒炉测温取样，若碳温合适，则出钢，否则补吹后出钢。出钢过程中加入脱氧剂和铁合金进行脱氧合金化，在出钢末期加挡渣塞（或关闭滑动水口）挡后期渣

三、转炉炼钢之“锅”

转炉的外形是一个像梨核式的罐子，内壁由碱性耐火砖砌成（主要成分为氧化镁），顶部、底部或壁侧有吹氧口。转炉炉口附有氮气、氩气等进气口，顶部设有转炉煤气收集装置。

转炉炉壳钢结构模型

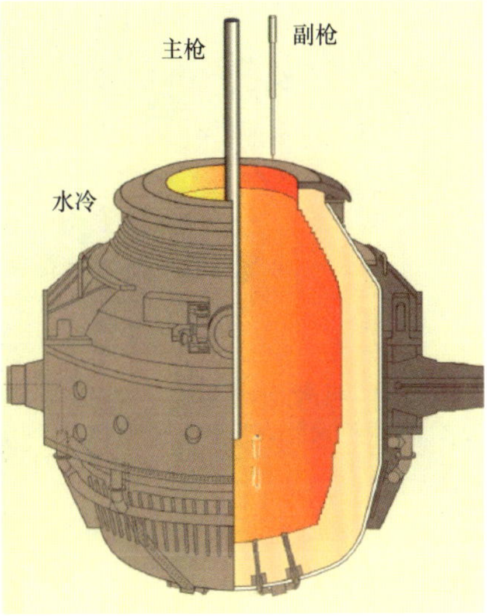

氧气复吹转炉示意图

转炉的供氧系统一般是由制氧机、加压机、中间储气罐、输氧管、控制闸阀，测量仪表及喷枪等主要设备组成。供氧系统是炼钢工艺中的关键技术，送氧管道和氧枪是炼钢工艺的关键设备之一。随着制氧技术的突破，目前氧纯度能够达到 99% 以上，可大大加快氧化吹碳速度，缩短冶炼时间至 30 多分钟，使转炉炼钢如虎添翼。

第三节　绿色低碳的电炉炼钢

电弧炉炼钢属于电炉炼钢的一种，90% 以上的电炉钢都由它生产的，也是目前生产特殊钢的主要力量。电炉炼钢配备不同型式的炉外精炼装置，炼钢工艺由传统的电炉一步炼钢法转变为电炉与炉外精炼配合的二步炼钢法，电炉承担熔化任务，还原精炼移到了炉外精炼装置中进行。

电炉炼钢

电炉电能的转换：因为电弧能产生集中的热量，采用三根石墨电板，每根电极通过金属炉料与相邻电极之间按照相顺序结合产生三个电弧区。电弧区的温度可达3500~4000℃，电能转换为热能熔化金属炉料。

电炉炼钢的优点：

——可冶炼全部钢种

——可使用各种铁源

——设备投资低

——可自动控制熔炼过程

——高效与灵活

电炉炼钢的熔炼过程分三步走：装料、熔化、出钢。

装料

- 废钢
- 直接还原钢
- 铁矿
- 造渣熔剂（石灰、萤石）
- 还原剂及铁合金

熔化

- 吹氧/喷吹
- 其他燃料

出钢

- 取样
- 测温

/ 装料 / 可分两次装，以满足炉容和提高产量及效率；

/ 熔炼 / 通电电炉起弧，第一次装进的原料熔化后，即第二次装炉。熔炼中吹入氧气和辅助燃料、可燃气体，帮助提高炉温加快熔化，并进入氧化期。电炉精炼期间，炉渣中的氧化铁同钢渣中的碳发生氧化反应产生的大量一氧化碳气泡造成熔池沸腾，并将钢水中的杂质元素，如磷、氢、氮和其他金属化合物带到炉渣中，并被炉渣吸收。

/ 出钢 / 出钢前，观察熔池状态，加入合金元素并取样检验化学成分，测温、出钢，并送入炉外精炼炉或送往连铸机连铸。

电炉炼钢设备主要包括机械设备和电气设备。电炉的炉体由金属构件和耐火材料砌筑成的炉衬两部分组成，金属构件包括炉壳、炉门、出钢机构、炉盖圈和电极密封圈等。目前电炉以偏心底出钢方式为主。

为了便于电炉出钢和出渣，炉体应能倾动。倾动机构就是用来完成炉子倾动的装置，偏心底出钢电炉要求向出钢方向能倾动 12°~15° 以出尽钢水，向炉门方向倾动 10°~15° 以利出渣。

目前我国炼钢企业中，转炉炼钢仍然占据主导地位，而电炉炼钢仅仅占炼钢总量的 10.4%。随着大型超高功率电炉技术的发展、炉外精炼技术的采用，以及我国废钢产量的增加以及电力成本的降低，电炉炼钢技术有了长足进步，电炉炼钢产量有很大的成长空间。目前我国最大电炉已达

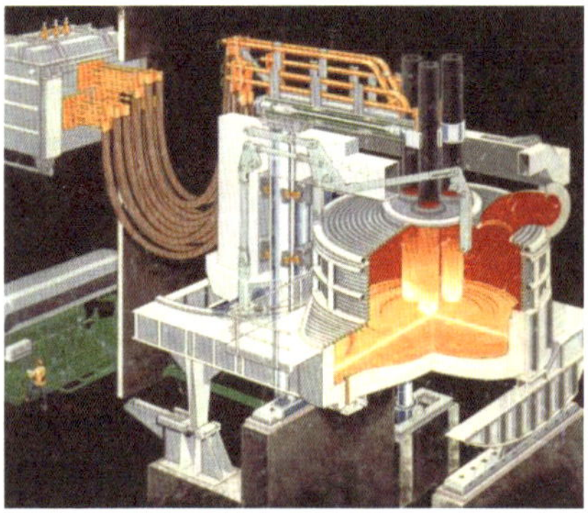

电炉设备示意图

220吨（最大电渣重熔炉已达450吨，最大的真空感应熔炼炉已达13吨），这为我国核电站材料、高温合金、航天航空材料等特殊材料需求提供了保证。电炉炼钢发展对提高废钢比、降低铁钢比、减少吨钢碳排放，进而实现钢铁行业碳减排、碳中和有着重要意义，电炉短流程炼钢将成为国家钢铁行业“十四五”期间重点的政策鼓励方向之一。

第四节　炉外炉

为了提高钢水的质量，满足钢的纯净度要求，无论转炉还是电炉炼钢，都会把钢水在真空、惰性气体或还原性气氛的钢包或专用容器中进行精炼，进一步脱硫、脱氧、除气、去除非金属夹杂物、调整钢的成分和钢液温度等，这些钢包或者专用的容器称为精炼炉，这是“百炼成钢”的最后时刻。炉外精炼的出现，使炼钢技术和钢的质量进入了一个新时代。

炉外精炼也称为钢包冶金。凡是在初炼炉（如转炉、电炉）以外进行的，旨在进一步扩大品种提高钢的质量、降低钢的成本所采用的冶金过程统称为炉外精炼。

功能

炉外精炼可以在钢包、真空设备或者精炼炉内进行。某些特殊情况也可在转炉或者电炉内进行。其主要功能是出钢时防止下渣；钢水混合与均匀化；合金成分调整；真空处理；保护钢包或中间包中的钢水不被二次氧化；连铸过程中电磁搅拌钢水。

任务

调整合金元素，控制钢水温度，均匀温度与化学成分，深度脱碳、脱硫、脱磷、去杂质元素、脱气、脱氧、夹杂物球化处理、控制钢的固态结构。

工艺

通过惰性气体或电磁搅拌，向钢包内喂入合金线、真空脱气等技术手段，实现脱氧、脱硫、脱碳、脱磷、脱氮、脱氢、除去残余有害元素（如低熔点元素）。

炉外精炼具有以下共同工艺特点：一是选择一个理想的精炼气氛条件，通常采用真空、惰性气氛或还原性气氛；二是对钢液进行搅拌，可采用电磁感应、惰性气流或机械方法搅拌；三是钢液加热，在精炼过程中通常采用电弧加热、埋弧加热、等离子加热或增加化学热等。各种炉外精炼法不外乎这三个方面技术的不同组合。

近 30 年来炉外精炼发展迅速，具体方法有 30 多种，各自侧重点不同，如脱硫、脱碳、脱氮、脱氧，减少非金属夹杂物，改变夹杂物形态，均匀浇注温度和微调成分等。目前国内应用最多的精炼装置有 LF、RH、VD、AOD、VOD 等。

■ LF 精炼设备

■ 工作中的 RH 装置

工作中的 VD 装置

第五节　连续铸钢终蜕变

连铸是将高温钢水用连铸机浇注、冷凝、切割而直接得到铸坯的工艺。它是连接炼钢和轧钢的中间环节，是炼钢生产的重要组成部分。一台连铸机主要是由钢包回转台、中间包、中间包车、结晶器、结晶器振动装置、二次冷却装置、拉矫装置、切割装置和铸坯运出等装置组成。

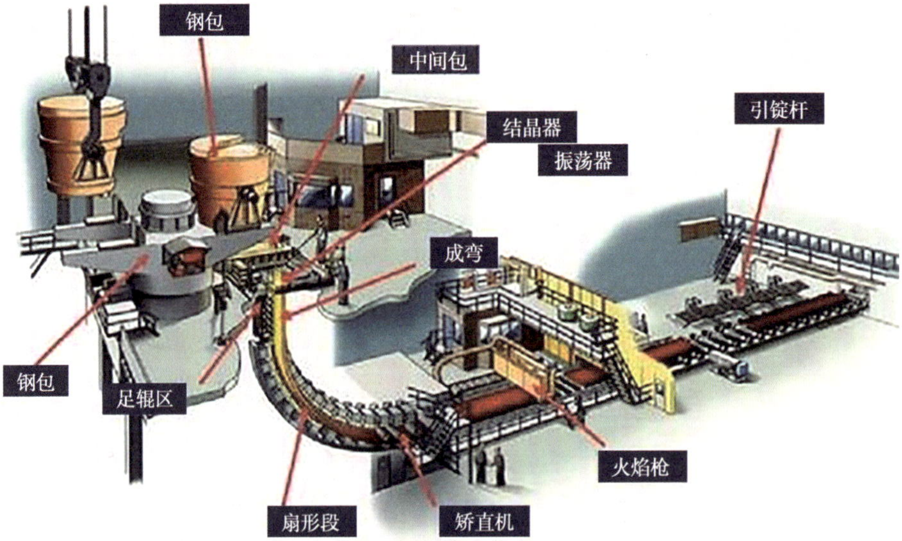

连铸装置

从转炉或电炉出来的钢水注入到钢包内，经炉外精炼处理后被吊运到连铸机上方的钢包回转台，通过中间包注入强制水冷的结晶器内。结晶器是一种特殊的无底水冷铸锭模，在浇注之前先装上引锭杆作为结晶器的活底。注入结晶器的钢水与结晶器内壁接触的表层急速冷却凝固形成坯壳，且坯壳的前部与引锭头凝结在一起。引锭头由引锭杆通过拉坯矫直机的拉辊牵引，以一定拉坯速度把形成坯壳的铸坯向下拉出结晶器。为防止初凝的薄坯壳与结晶器壁黏结撕裂而漏钢，在浇注过程中，既要对结晶器内壁进行润滑，又要通过结晶器振动机构使其上下往复振动。铸坯出结晶器进入二次冷却区，内芯仍是液体状态，需进一步喷水冷却，直到完全凝固。铸坯出二次冷却区后经拉坯矫直机将弧形铸坯矫直成直坯，同时使引锭头与铸坯分离。完全凝固的直坯由切割设备切成定尺，经出坯辊道进入后步工序。随着钢水的不断注入，铸坯连续被拉出，并被切割成定尺运走，形成了连续浇注的全过程。

■ 钢包回转台

■ 二冷区电磁搅拌

第五章｜ 走进千姿百态的钢铁世界

铁为什么要炼成钢？怎样炼钢？钢有什么神奇和魅力，如此得到人类的青睐和敬畏？故事就从这里开始吧！

第一节 从“恨铁不成钢”数说铁的“蜕变”

人们常说“恨铁不成钢”，这句话至少反映了两层意思：铁和钢不是一回事；钢要比铁更强，更好一些。在悠悠的历史长河中，人类为了实现把铁变成钢的梦想，经过了数千年奋斗和摸索，直到 18 世纪工业革命后才走完铁蜕变为钢的进程，进入了真正意义上的现代钢铁工业时代。

刚刚从青铜器进入铁器时代时，人类欣喜若狂。铁如珠宝一样珍贵，并开始广泛用于制造兵器、农耕工具、生活器具。古代的中国冶铁同食盐一样均由官办、官府控制。由此可见炼铁业的重要地位。但铁在使用中发现易生锈、难加工，又硬又脆。后来在制作铁器制品时，生铁被反复加热—锻打后发现铁变得柔软了，好成形了。为什么呢？原来铁在反复加热—锻打后，铁中所含的碳被空气中的氧氧化了，碳含量下降改变了铁的性能，这不就是炼钢的启蒙时代吗？

经分析，来自高炉的铁含碳量在 2%~4.3% 以上，同时还含有硅、锰、硫、磷、氢、氧、氮等元素，这些元素一般统称为杂质元素。这些杂质元素有的是先天的，有些是后天带来的。

人们常用莲藕“出淤泥而不染”赞美那些洁身自好，不受社会不良风气影响的人。可是来自高炉的铁可不像莲藕，深深留下了高炉“污染”的烙印。冶炼时，矿石中的铁被碳还原的同时，也与焦炭中的碳发生了化学反应，生成一种又硬又脆的碳化三铁。存在于脉石中的硅、锰、磷、硫，虽经历了烈火冶炼的“驱赶”，但仍依依不舍，不肯与铁彻底“分手”。其他一些气体是铁与空气接触时溶解在铁水中的。铁中存在这些杂质元素是影响铁不能得到广泛使用的重要原因。尤其铁中的碳影响最大。

碳元素是一种神奇的元素。它有三种同素异晶结构：一种是非常坚硬的金刚石，玻璃刀刃就是用它制成的。另一种叫石墨，非常软，能制作铅笔芯。更神奇的是石墨碳纤维强度是钢材的好多倍，用它制作的自行车只有几公斤，携带非常方便。第三种就是普通煤炭、焦类（木炭）等形式，能够燃烧产生热量。

金刚石

金刚石结构

煤炭块

石墨矿

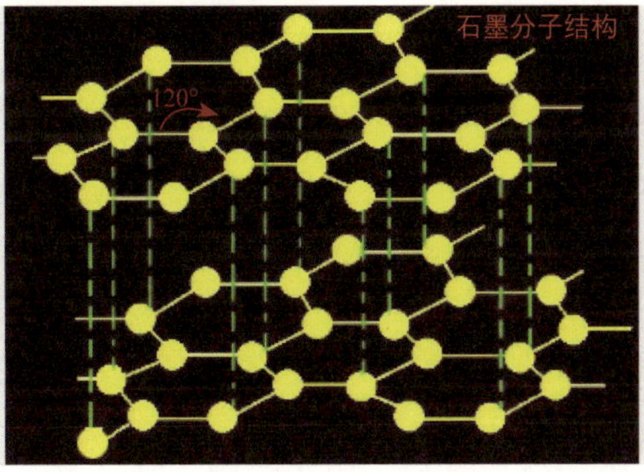

石墨分子结构

随着碳含量变化，铁的凝固点，内部结构都会发生改变。如果有兴趣，看一看铁—碳平衡图，就可以一目了然了。

硫、磷元素含量超过标准规定的范围时，会使钢产生热脆性和冷脆性，降低了钢材的塑性、韧性，影响钢材的使用性能。其中一些杂质元素与铁中的其他元素产生化合物，将以夹杂物的形式存在于晶界上，也影响了钢材的强度。把这些元素控制在一定标准范围内，是把铁变成钢的主要任务。

第二节　揭开钢铁的神秘面纱

金属的性能（举例）

力学性能：屈服强度
拉伸强度
弯曲强度
抗蠕变强度
疲劳强度

物理性能：密度
电导率
热膨胀率
热导率
成形性能
可溶性
可加工性

化学性能：耐腐蚀性等

“在动物世界里，存在着许多鲜为人知的‘动物王国’，其中‘蜜蜂王国’的奥秘已被人类部分揭开。蜜蜂是有着严密社会化的昆虫，它有蜂王、工蜂，不同蜂型在职能上有着明确的分工。蜂王的主要作用是产卵繁殖后代，并通过分泌‘蜂王物质’维持蜂群秩序。雄蜂专司交配，不参与蜂群劳动。工蜂是蜂群中的主要劳动者，如采花酿蜜。”

在有生命的动物世界里存在神秘的王国世界，而无生命的钢铁世界里也有自己的“钢铁王国”吗？回答是肯定的。不信？且看。

一、“柔情似水”的延展性

生铁蜕变成钢后，由于控制了碳含量，剔除了夹杂、气体等，身体变得更加健壮、纯净。借助高倍显微镜，清晰观察到了金属是由不同晶体结构组成的，在成分不变的条件下，随着温度的变化，组织结构也会发生变化，有时变得柔软，有时变得坚硬。在金属学里把这种现象称为同素异晶转变。钢铁是同素异晶转变的佼佼者。人类利用这一现象，选择某一温度范围延展性较好的晶体结构进行热加工或冷加工。

钢铁优良的延展性，是钢最重要的性能之一，打造了千姿百态琳琅满目的钢铁制品。麦面粉与水和成面团有筋道，有很好的延展性，可擀成宽面、窄面条，包饺子、包包子、拧麻花，制作眼花缭乱的面食佳肴。同样钢有很好的延展性，浇铸或连铸成方坯、板坯、管坯、锻坯，再轧制成丝、带、管、板、型材，形成琳琅满目的制品流向国民经济各部门，应用到社会建设的方方面面。正是钢铁的这种优良延展性，才是支撑钢铁世界的骨架和脊梁。

二、“魔术”般的热处理

有一位陈姓的铁匠师傅带了一个刚高中毕业的学徒。这位年轻人很早就知道师傅是远近闻名的“打剪刀大王”，他打出的剪刀又轻巧又锋利，就是用了多少年后的剪刀，刀不崩，刃不卷，好用极了。别看学徒年纪不大，却很有心计，励志以后也要做一个“剪刀大王”。这一天机会终于来了。有一位裁缝师傅，叫陈师傅打一把剪刀。师傅按照要求很快就打成了一把又轻巧又漂亮的剪刀。打好后放到炭火炉子里加热到通红，然后拿出来，突然放进水里搅了搅，水汽还没散尽，又放回炉里烤了烤。师傅的这些动作，让徒弟看得目瞪口呆。后来问陈师傅为什么要这样操作时，师傅说：我也是从我师傅那里学来的，我干一辈子也不知道为什么要这样做，但我知道这样做剪刀就好使极了。于是徒弟沉思一番后，跑到书店买了一本热处理的书，看了后才恍然大悟。啊，原来如此！

淬火

陈师傅的操作就是我们常说的淬火热处理。原来钢的微观结构也有一个神奇的世界，成分、温度的变化会让钢产生不同的金属组织。不同的组织就有不同的力学、物理性能。机械厂常在不改钢种成分的条件下，通过各种热处理方式达到了提高钢材性能的目的。魔术般的热处理至今仍有许多奥秘尚未破解，有待继续研究和探索。

三、“海纳百川”的包容性

钢铁的包容性创造了一个庞大繁荣的钢铁大家族。它拥抱了元素周期表中过渡族的金属及一些非金属、稀土元素相互合金化，固溶化，建立了不同力学、物理、化学性能，拥有几百种合金钢品种，数千个不同规格不同成分的钢铁大家族，走向五湖四海为我国的军工、航空航天、船舶、建筑、电子等部门服务。其中合金结构钢、弹簧钢、易切钢、滚动轴承钢、合金工具钢、高速工具钢、耐热钢、不锈耐酸钢等八大类特钢就是这家族中的杰出代表，是钢铁的骄子。这些元素就像烹饪中的调味品各显神通，极大改变钢的性质。人们已发现钢中加入一定量的合金元素钒，能改善高温蠕变强度，加 10.5% 以上的铬就能增强钢的抗腐蚀性能，成为不锈钢……通过调整合金元素种类和含量，就和人类进行基因编辑、植物进行基因转移一样，就能衍生出许多新钢种，新材料让钢铁世界变得光怪陆离、异彩纷呈。

四、钢铁中的“特种兵”

钢铁家族中有一种材料产量不多，用量不大，但它有特殊的物理性能、化学性能，“小不点，大能耐”，它就是功能材料，被广泛地应用于电子、航空、仪器仪表等部门。在一些特殊领域发挥着无可替代的作用，例如在炎热、潮湿的大气中依然保持光洁铮亮的不锈钢；具有高磁能积的钕铁硼硬磁合金；高饱和磁强度的软磁合金；在一定温度范围内保持超低膨胀系数的合金；铁基镍基高温合金，非晶体磁性合金，超高强度超高韧性特种合金，还有双金属、高弹性合金等。

在钢铁大千世界里，随着对钢铁微观世界的深入研究，将发现更多更深的奥秘，挖掘出钢铁潜能，让功能材料闪烁出更加灿烂的光辉。

第三节　独步天下的“工程材料”之王

2022 年全球钢产量达 18.3 亿吨，中国占全球的半壁江山，达到 10.13 亿吨。中国主要有色金属材料产量为 6774 万吨，钢产量是有色金属材料的 15 倍。钢铁以其优越的力学性能、工艺、化学性能，以及其规模，产量都力压群芳，是其他金属非金属材料无法比拟的，是名副其实的“工程材料”之王。

在历史的发展进程中，钢铁曾在工程材料领域里遭遇过三次挑战，其中有工程塑料、铝合金材料、钛合金材料，这些材料刚面世时就有人惊呼：“在工程材料领域里钢铁将被它们取而代之”。但历史一再证明由于这些材料先天的原料资源不足，无论生产的质量数量都无法与钢铁相提并论。

今日之钢铁兼具功能与结构材料于一身，同时具有丰富的资源和优良性能的禀赋，特别是它的可循环的利用性，即废钢—冶炼—加工—产品—废钢，在可预测的未来百年之中将独步天下，独领风骚。

塑性加工成形篇

钢铁材料形态各异，千姿百态，有的坚硬挺拔，有的柔软圆润，各行各业都离不开它的身影。

这千姿百态的形状是如何塑造成的呢?

钢的塑性加工成形方法中主要分为锻造、冲压、轧制、挤压、拉拔、热弯、冷弯、热扩、爆炸成形、爆炸复合等，用压力加工方法生产的钢材90% 左右是用轧制方法形成的。

第六章｜ 千锤百炼锻成“材”

第一节 自由自在来打铁

打铁是最原始的自由锻，将钢铁材料在火炉中加热使其软化，再用铁锤等工具用力敲打，使其产生变形，就可以制作成不同形状的工具，如锄头、刀剑、铁链等。

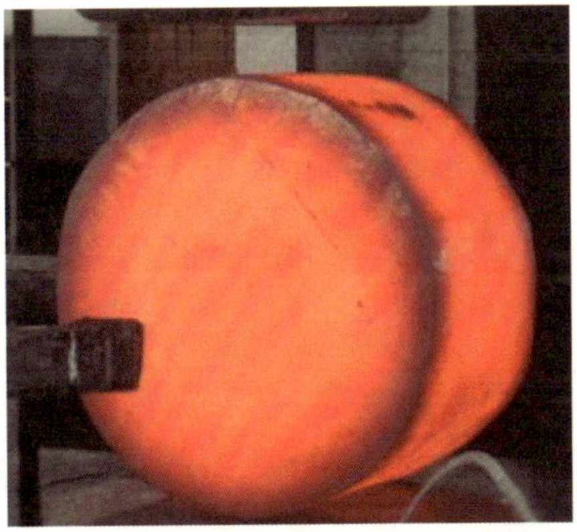

现代的锻造就是从打铁发展起来的，也是利用冲击力或压力，使金属在锻模中产生变形。它主要用于钢锭开坯和大锻件（几吨以上）的制造，如冷、热轧辊，低速大功率柴油机曲轴，汽轮发电机和汽轮机转子，核电站压力壳筒体和法兰等大型工件，锻件质量可达 250 吨。

风动锻造锤

油压机正在锻造 438 吨矩形钢锭

对于大型锻件，自由锻是唯一的锻造方法。自由锻有手工锻造和机器锻造两种方法。目前，机器自由锻已成为锻造生产的主要方法。

机器自由锻工具简单，通用性强，灵活性大，适合于单件、小批量生产，但锻件精度差，生产率低，工人劳动强度大，锻件所占比重随生产技术的进步而日趋减少。

第二节　无规矩不成方圆

模锻顾名思义，是将金属坯料放在模具里，经过锻造而后获得需要的形状和尺寸的一种方法。

与自由锻相比，模锻能够锻出形状更为复杂、尺寸比较准确的锻件，生产效率比较高，可以大量生产形状和尺寸都基本相同的锻件。

模锻需要专用的模具，模膛形状复杂，要求精度高，加工量大，生产周期长，价格昂贵，一般适用于大批量生产，或用于批量虽不大，但对锻件的形状和性能有较高要求的物品。

大千世界中林林总总、形态各异的钢铁产品都有模锻的功劳。按重量计算，汽车上有超过 70% 的锻件，其发动机所使用的曲轴、凸轮轴，前桥所使用的前梁、转向节，后桥所使用的半轴、半轴套管、桥箱内的传动齿轮等都是模锻生产而成。

汽车重要构件

按重量计算，飞机上也有 85% 左右的构件是模锻锻件。飞机涡轮盘，后轴颈，叶片，机翼的翼梁，机身的肋筋板、轮支架、起落架的内外筒体都是用模锻的方法加工而成。

说起模锻件的制作，大型锻压机可是一等功臣，它能让锻件“一锤定型”，现代先进军机、大型客机舰船、高铁、航空发动机的制造都离不

用于锻制 F-22A 战斗机的机身隔框模具

飞机起落架

开锻压机。二重集团研发的目前世界最大的 8 万吨模锻压机。它的投产是我国大型设备自主研发的里程碑，并在其使用寿命的研究方面获得巨大突破。大型锻压机不仅是金属加工王冠上的明珠，更是国家重工业实力的象征。

8 万吨级模锻液压机

大型锻件

第七章 | 百轧成“材”

众所周知，“轧”是个多音字，它既包含了轧钢的意思，也有碾压和滚压的含义，单从字形来看，也可以理解成用机器把物件加工成所需的形状和尺寸。同时，轧钢还能够改善钢材的内部质量，提高力学性能。

日常生活中，面条的制作就是一种轧制过程，它是将硬度适中的面团，在两个旋转的辊子中间压过，压制成薄带状，再切割成面片、面条等不同形状的面食。

与模锻相比，轧制成形能提高生产效率 3~8 倍，材料利用率提高 10%~20%，工作环境噪声小，容易实现自动化生产。

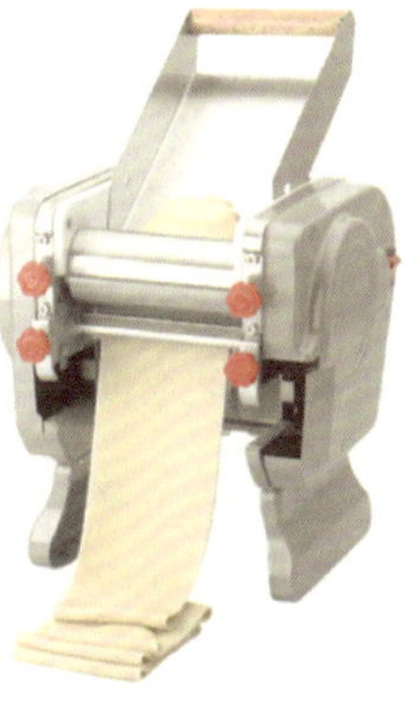

冷轧机

钢材的轧制，按轧制的温度不同，可分为热轧与冷轧；按轧制时轧件与轧辊的相对运动关系的不同，可分为纵轧、横轧和斜轧；按产品成形特点的不同，可分为一般轧制和特殊轧制。由于轧制产品种类繁多，规格不一，有些产品需经过多次轧制。

第一节　“趁热”轧钢

热轧是相对于冷轧而言的，它是将钢坯（或钢锭）加热到一定温度再进行轧制，而冷轧则是在常温下进行轧制。

热轧基本工艺流程

热轧

由于钢坯在高温下会变得“更软”，所以当产品需要变形量较大的加工时多采用热轧，热轧半成品或成品同时也可作为冷轧的原料。热轧产品广泛应用于船舶、汽车、桥梁、建筑、机械、压力容器等制造行业。我们常见的建筑钢材就是热轧的代表产品。

与趁热打铁的道理一样，热轧时可以消除浇铸过程中形成的气泡、裂纹和疏松，达到细化钢材晶粒、消除显微组织缺陷的目的，从而使钢材组织密实，力学性能得到改善。

热轧会产生因不均匀冷却造成的残余应力，而且各种截面的热轧型钢都有这类残余应力，一般随其截面尺寸的增大而增大。这对钢构件的稳定性以及抗疲劳等性能有不利影响。

第二节 “洗澡”“穿衣”话冷轧

与热轧相对应，工业上一般将坯料事先不经过再加热的常温轧制过程称为冷轧。它适用于表面光洁、尺寸精确、力学性能好的钢材的轧制，并且以热轧半成品或成品为原料，在常温下再用冷轧的方法生产。

冷轧钢是在热轧板卷的基础上加工轧制出来的，一般需要经过热轧→酸洗→冷轧的加工过程。

酸洗

冷轧

冷轧不仅成形速度快、产量高，可以做成多种多样的截面，而且其产品性能高，外观和表面质量优良，广泛用于汽车板、家电板、镀锡板、彩涂板、电工钢等高附加值产品以及小号型钢和薄板。

镀锌冷轧板

彩涂冷轧板

第三节　纵横驰骋轧机上

一、长材的轧制方法——纵轧

前面提到，压面机与钢材轧制有着异曲同工之妙，那么，压面机压面则是典型的纵轧。纵轧是纵向轧制的简称，它是指轧件通过两个相反方向转动的轧辊得到加工的轧制方法。轧制时轧件通过辊面间的缝隙（或孔型）向前运动，其运动方向与轧辊轴线垂直。

纵轧是最常见的一种轧制方法，一般的初轧、板带材轧制、型材轧制和线材轧制等都属于纵轧。

家用压面机

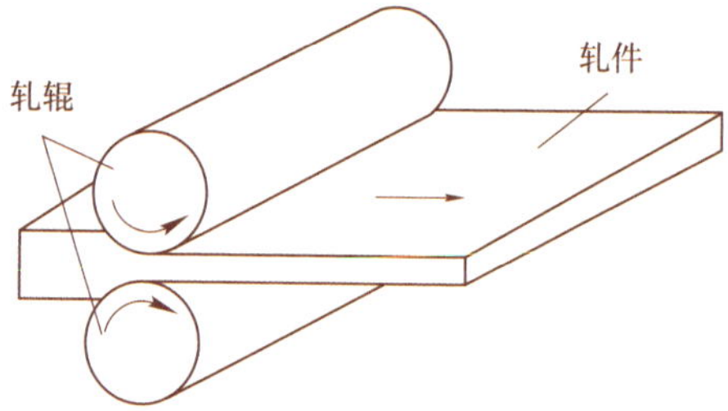

纵轧示意图

二、轴、连杆的轧制方法——横轧

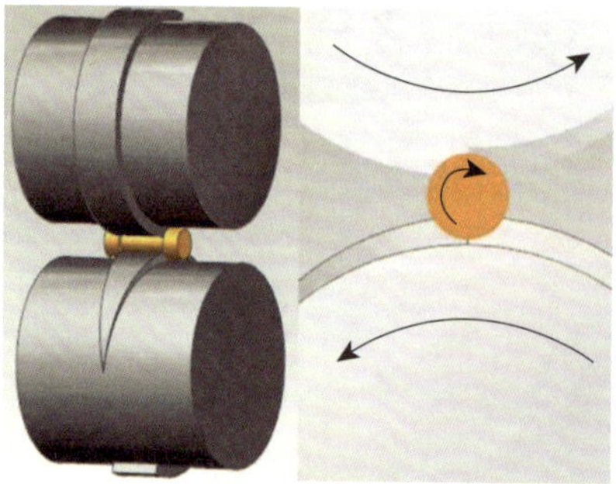

横轧示意图

横向轧制简称横轧，是被轧的轧件（回转体）在两个旋转方向相同的辊间，做平行于轧辊轴线并与轧辊转动方向相反的旋转运动，轧件只在径向受到压力加工的一种轧制方法，常用来轧制轴类零件。

轴类零件的轧制，上下辊的旋转方向是相同的，它的原理是“搓”，就像搓面鱼；而扁平材的轧制，上下辊的旋转方向是相反的，它的原理是“擀”，就像擀面皮。

横轧成形有两类：一类靠改变轧辊间距离，变形主要在径向进行，如齿轮横轧和螺旋横轧；一类靠径向压缩和轴向延伸，利用轧辊孔型沿轴向逐渐变宽，形成一个楔子，故又称楔横轧。

■ 大型横轧设备

轴的制造工艺除铸造成形、切削成形等以外，横轧也功不可没。横轧可以生产各种形状的轴类产品，比如汽车传动轴、发电机主轴、风扇电机轴等都离不开横轧的功劳。

■ 轴类零件

三、钢管、钢球的轧制方法——斜轧

斜轧是轧件在两个或三个旋转方向相同、轴线呈一角度的轧辊间得到加工的轧制方法。轧件在轧制过程中做旋转前进运动，故又将斜轧称为螺旋轧制或横螺旋轧制。这是介于纵轧和横轧之间的一种轧制方式，主要用于生产无缝钢管（穿孔）及钢球等产品。

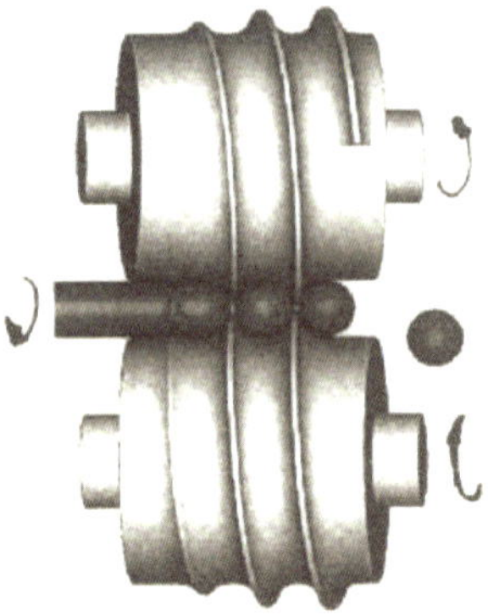

斜轧示意图

当然，轧制成形也有缺点：一是模具大且复杂，工艺调整困难；二是设备只能生产轴类零件或非轴类零件的预制坯料，相当于预制毛坯锻造工艺，后续还需要精车加工或者高精度研磨等工艺提高零件的精度和表面光洁度。

第八章 | 钢坯成“材”的华丽蜕变

钢坯通过轧制才能成材，犹如少年磨炼成长的过程。由于钢材的品种、规格、钢种、用途、产品执行标准等各不相同，采用的生产工艺流程会有差异；但是整个轧钢生产工艺流程是由以下几个基本工序组成的（以热轧为例）。

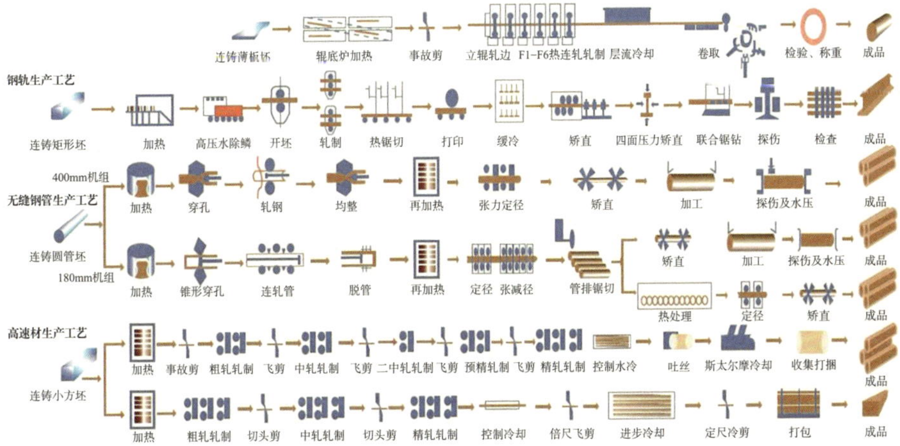

■ 轧钢生产工艺流程（热轧）

第一节 “赛”前热身

一、坯料准备

轧钢工序中，坯料的准备一般包括坯料选择，坯料的测长、称量和锯切，

连铸板坯

坯料表面缺陷的清理，表面氧化铁皮的去除，需要时还包括坯料的热处理等。

二、坯料加热

和古代打铁之前要将铁烧至红热状态一样，轧钢前也要对坯料进行加热，加热的目的就是将坯料烧至红软状态，提高坯料塑性，降低变形抗力，以便于轧制。

趁热打铁

轧钢常用的加热设备主要有两类：一类是车底式炉，主要用于厚板车间和锻造车间加热断面边长大于400毫米的钢坯（钢锭）；另一类是连续式加热炉，有推钢式连续加热炉以及属于机械化炉底中的环形炉和步进式加热炉等。环形炉主要用于热轧钢管车间的管坯加热。步进炉具有加热制度灵活、加热温度均匀等优点，已得到广泛应用，尤其是在合金钢和新建的棒线材生产车间，已发展成为替代推钢式连续加热炉的主要炉型。

■ 环形加热炉

■ 步进梁式加热炉

坯料一般加热至 1050~1250℃，具体温度随坯料钢种和产品轧制工艺而定。加热温度过高或时间过长，会产生过热、过烧和严重脱碳等缺陷；加热温度过低或时间过短，会造成断辊、缠辊等事故。

■ 板坯加热

第二节　钢坯的造型

钢坯在造型大师的手中轧制成形，轧制是整个轧钢工艺流程中的核心工序。其任务是按照设计的轧制工艺制度，通过在轧机上轧制，完成坯料的变形，生产出质量合格的钢材产品。

一、轧制工艺制度

热轧

冷轧

轧制工艺制度主要包括变形制度、速度制度和温度制度。

/ 变形制度 / 确定从坯料到成品的总变形量和道次变形量，并据之编制型钢轧机的孔型设计、钢板轧机的压下规程、钢管轧机的轧制表等。

/ 速度制度 / 确定各道次的轧制速度以及每道次中不同阶段的速度。

/ 温度制度 / 确定开轧温度和终轧温度。

以上三项工艺制度既相互联系又相互制约，并且直接关系到产品能否达到规定的质量要求和轧机能否实现良好的技术经济指标。

二、几种特殊钢材的轧制

/ 轻质钢的轧制 / “体重”轻的钢板安全吗？近年来研究发现，在钢中加入一定量的轻质元素（如铝）可以使钢的密度降低，从而也能实现汽车的减重。因此，轻质钢的研究成为近年来汽车用钢的热点之一。

轻质钢的轧制也采用薄带钢的轧制方法，轧制结束后再经过焊接、冲压等快速成形技术制造出汽车外壳。

宝钢研发生产的汽车用轻质钢

/ 高强耐腐蚀复合花纹板的轧制 / 外表帅气、身板硬朗的帅哥登场了——高强耐蚀复合花纹板。它不仅有颜值，更有气质。

这类产品集外形美观、表面防滑等优点于一身，结合了复合轧制技术优势和花纹板轧制技术，根据奥氏体不锈钢特性和复合轧制技术特点，在保证耐蚀性的同时，全面提升了花纹板的力学性能，适用于化学品船舶、海洋平台、专用车辆、轨道交通车辆、建筑幕墙、装潢装饰等具有腐蚀性工作区域。

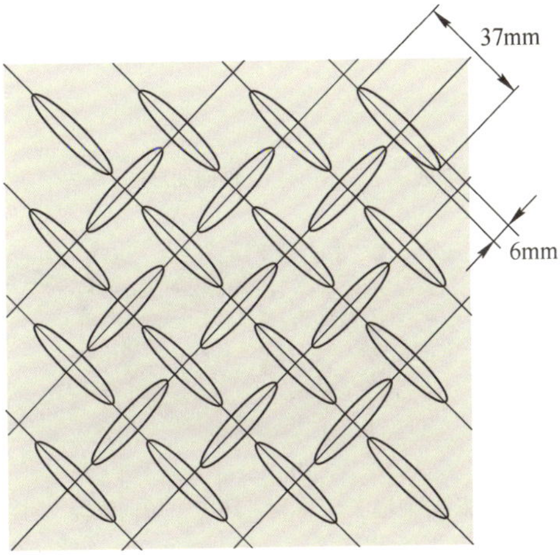

宝钢开发的高强耐蚀复合花纹板 BHW01

/ 环类零件轧制 / 如此复杂的环类零件竟然也是轧制出来的，意想不到吧！环类零件（简称环件）是机械基础零件，广泛用于机床、汽车、火车、船舶、能源、航空航天等众多工业领域。环件轧制是通过环件毛坯产生连续局部塑性变形积累，进而使其壁厚减薄、直径增大、截面轮廓成形的特种轧制技术。与锻造整体成形相比，环件轧制具有变形抗力小、设备投资少、生产效率高、产品质量好、节能节材、无振动冲击等显著的技术经济优点。

环件轧制

以生产汽车轴类零件为例，环件轧制技术与模锻方法相比具有以下优点：效率提高 3~5 倍、材料平均利用率提高 10%~30%、没有冲击与噪声，环境友好，制造成本平均下降 30% 左右。

各类轴承

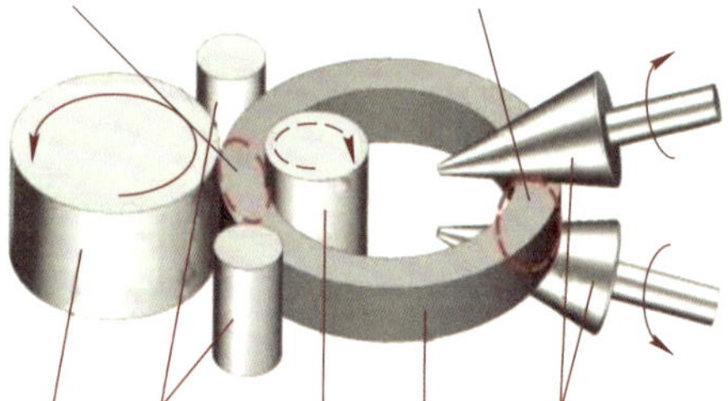

环件径轴向轧制原理

第三节　钢材的“形象设计”

钢材的精整是轧钢生产工艺流程中最后一个工序，它对产品的质量在一定程度上起着最终的保证作用。精整工序的内容因产品的技术要求不同而不同，通常包括钢材的切断或卷取、轧后冷却、矫直、成品热处理、产品表面清理、各种检验以及成品的包装、称重、打标志等具体工序。

一、平整

经过再结晶退火和热浸镀锌后的带钢往往需要进行平整，以使带钢获得必要的性能和表面质量，从而满足后工序加工的要求。平整实质是一种小压下量的轧制变形，如连续退火、罩式退火、热镀锌产线等都有平整工序，有些近年新建的酸洗产线也配置有平整机。

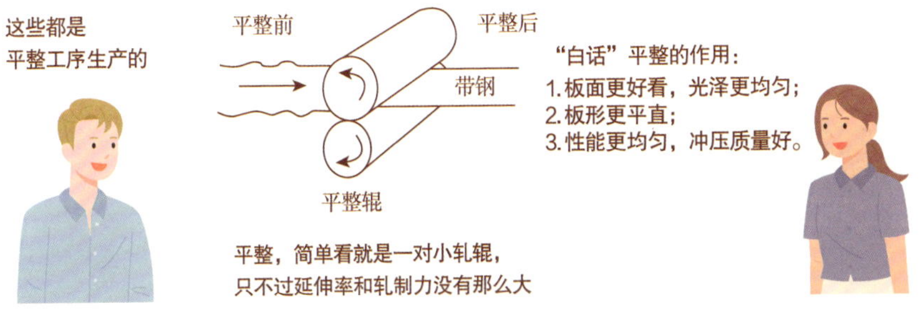

二、钢材的切断或卷取（收集）

/ 钢材切断 / 轧件需经切头尾（将头尾变形不规则部分切除）和切定尺后成为成品钢材。在轧制过程中，为轧制过程顺利进行，轧件也需切头尾。常用的切断设备有平行刀片剪切机、斜刀片剪切机、飞剪机、圆盘式剪切机、锯机、火焰切割等。

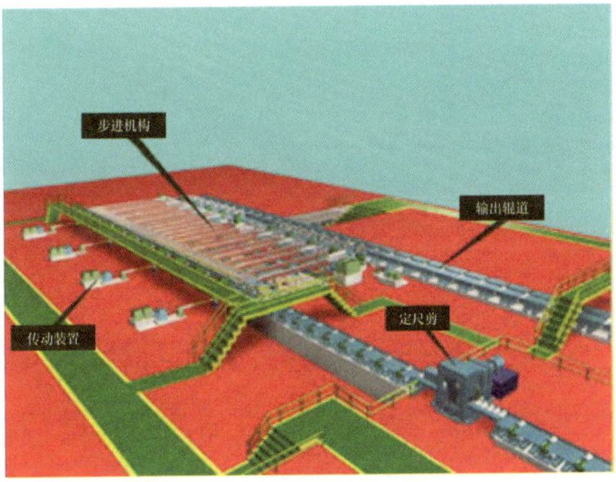

/ 钢材卷取 / 热轧或冷轧带钢在轧制结束后，通过卷取机将轧制很长的带钢卷成钢卷，有利于生产、运输和储存。近年来，钢材的卷取向快速、大重卷、自动化方向发展。

三、冷却

■ 带钢卷取

冷却是钢材的一种降温过程，根据钢的化学成分、组织状态、产品断面尺寸、冷却后可能产生的缺陷以及轧机产量、冷却场地等条件，钢材轧后冷却分别采用不同的冷却方式。

/ 自然冷却 / 自然冷却也称空冷，即在空气中自然冷却，常用于低碳钢、普通低合金高强度钢、大部分碳素结构钢和合金结构钢等的轧后冷却。

■ 棒材空冷

/ 快速冷却 / 快速冷却也称快冷，即采用鼓风、喷雾、喷水、无压层流水冷等骤冷到某一温度后再自然冷却，常用于要求检验碳化物网状缺陷的钢种和普碳钢盘条的轧后冷却。

/ 缓慢冷却 / 缓慢冷却也称缓冷，是将轧后的钢坯或钢材堆在缓冷坑内、可移动的缓冷箱内或堆放在地上，上面盖上砂子、石棉渣等进行缓冷，常用于高速工具钢、马氏体不锈钢、部分高合金工具钢和高合金结构钢等。

线材风冷

带钢层流水冷

自然冷却设备主要是各式冷床。钢绳拉钢机的冷床多用于大中型钢材；链式运输机的冷床，多用于轧件表面怕擦伤的钢管和板带；齿条式冷床主要用于在冷却过程中容易产生弯曲和扭转的小型钢材。此外，还有钩式运输机，将盘条挂起来，一边运输，一边冷却，主要用于线材。

钩式运输机

/ 矫直 / 轧制后的钢材由于在输送中顶撞挡板或其他障碍物，或是轧后冷却中冷却不均，往往容易发生弯曲、瓢曲或端部扭偏，必须通过矫直设备(如压力矫直机、张力矫直机和辊压矫直机等)使钢材长度方向上平直，给钢材断面整形。

H 型钢矫直

带钢张力矫直

带钢的矫直类似于生活中头发的拉直过程，板材的矫直过程则与衣服的熨烫相似。

/ 成品热处理 / 成品热处理是通过加热、保温、冷却的方法，按照不同的加热、保温、冷却曲线，对钢材进行退火、正火、淬火、回火处理等，改善钢的组织，从而获得所需要的性能。

将一根加热过的钢丝放在水中冷却，钢丝变得硬而脆，很容易折断；放在空气中冷却，钢丝变得较软、有较好的塑性，可以卷成圆圈而不断裂。这个现象说明，虽然钢丝的成分相同，加热的温度和时间也相同，但采用不同的冷却方法，得到了不同的力学性能。这主要是因为在不同冷却速度和方式下，钢丝的内部组织发生了不同的变化，力学性能被改变了。

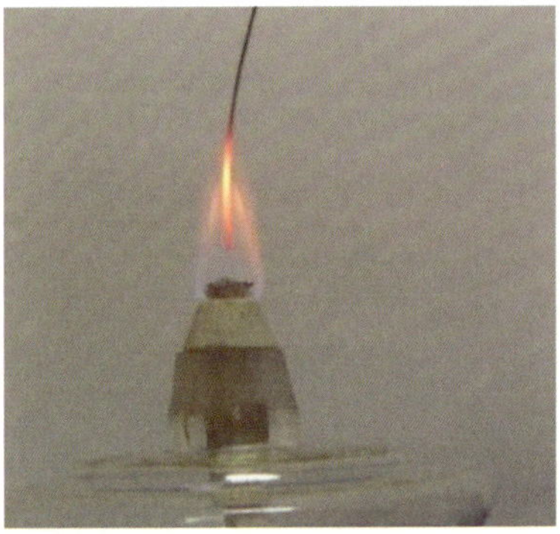

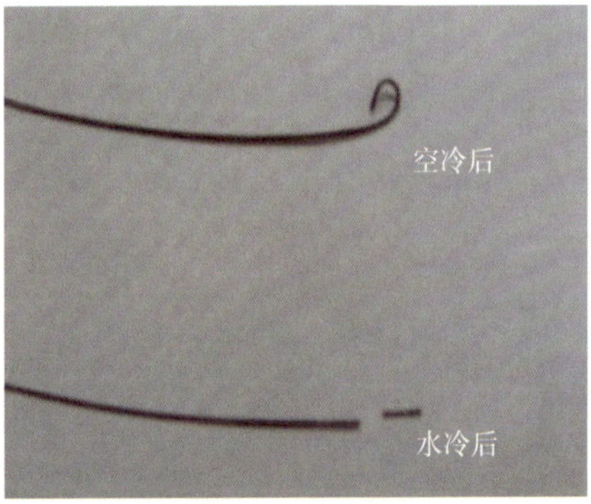

正如古人铸剑后要把火红的剑快速放入冷水中一样，现代轧钢工序中也有类似的操作，这就是淬火处理。淬火就是将钢材按特定的加热保温

曲线进行加热、保温后，在水中或油中快速冷却的处理手段，其目的是提高钢的强度和硬度，增加耐磨性。古代的铸剑师在进行完淬火操作后，通常会再将剑加热至一定温度，进行回火处理，为的是提高剑的塑性及韧性。轧钢中的回火是将经淬火后的钢材再加热到 723℃以下的某一温度范围进行保温，然后在油中或空气中冷却的处理手段，其目的是减少或完全消除钢在淬火时所产生的内应力，降低淬火钢的脆性，获得较好的韧性和强度的配合。

铸剑淬火

齿轮淬火

第四节　钢材的“体检”

钢材的成长过程，“体检”很重要。

成品检验多数是对成品进行在线超声波、漏磁等无损探伤（NDT），对钢管产品进行在线水压试验，以及取样离线进行各种力学试验、热处理试验、抗腐蚀试验以及金相组织分析和化学成分分析等。

一、拉伸实验

常温下金属的抗拉性能通常包括抗拉强度、屈服强度、伸长率和断面收缩率四个指标。前两者称为强度指标，后两者称为塑性指标。

金属材料的拉伸试验好像两支队伍在进行拔河比赛，也有着拉伸、僵持阶段，一方认输还不行，一直要坚持到把绳子拉断才算数。

金属材料拉伸过程包括以下几个阶段：弹性阶段、屈服阶段、强化阶段、颈缩阶段和断裂阶段。

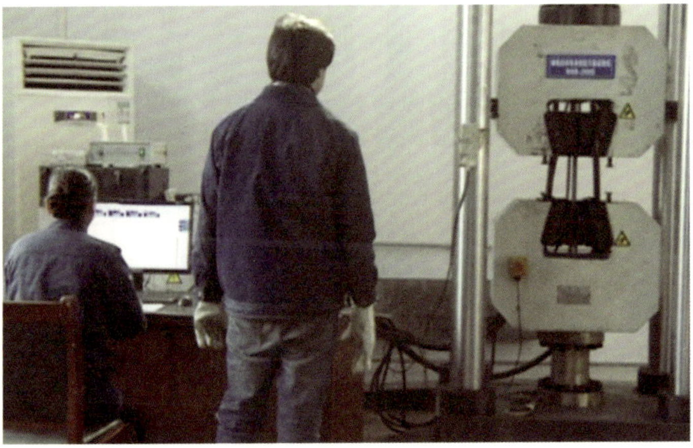

力学性能检测

/ 弹性阶段 / 随着荷载的增加，应变随应力成正比增加。如卸去荷载，试件将恢复原状，表现为弹性变形，此阶段内可以测定材料的弹性模量。

/ 屈服阶段 / 相当于拔河或者扳手腕的僵持阶段。普碳钢超过弹性阶段后，载荷几乎不变，只是在某一小范围内上下波动，试样的伸长量急剧地增加，这种现象称为屈服。塑性变形是突然开始的，且载荷数会突然下降，如果全部卸除荷载，试样将不会恢复原长，表现为永久形变。

/ 强化阶段 / 试样经过屈服阶段后，由于材料在塑性变形过程中不断强化，材料的抗变形能力又增强了，这种现象称为应变硬化。若在此阶段卸载载荷到零时，变形并未完全消失，应力减小至零时残留的应变称为塑性应变或残余应变。

/ 颈缩阶段和断裂阶段 / 试样伸长到一定程度后，荷载读数反而逐渐降低，直至材料完全断裂。

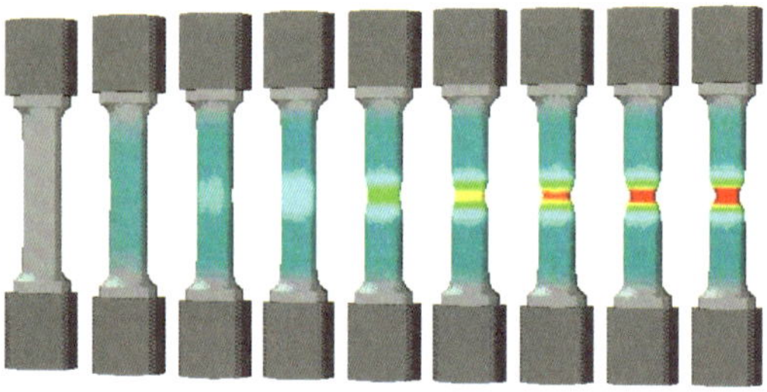

二、金相分析

钢材的体检除了量身高、称体重等项目外，也需要进行“B超”“核磁共振”之类的检测。

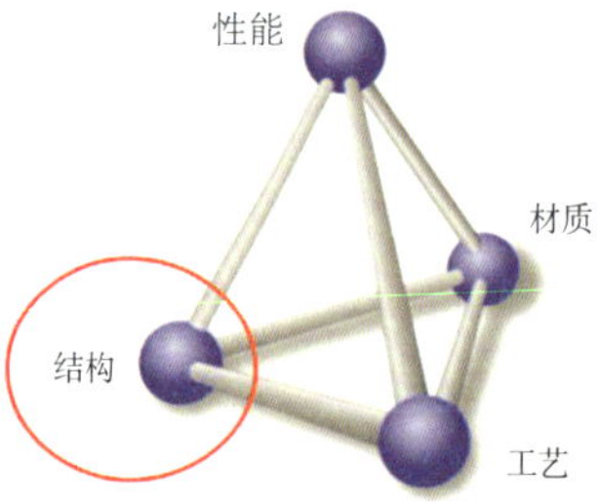

钢铁的显微组织结构是沟通材质、工艺和性能之间的桥梁。性能、结构、材质、工艺这四者相互关系的研究是贯穿钢铁研究的主题。

金相学是综合研究金属和合金成分、组织与性能关系的科学，金相分析是评定钢的内在质量的重要手段。其研究手段包括放大镜、光学显微镜、电子显微镜等。

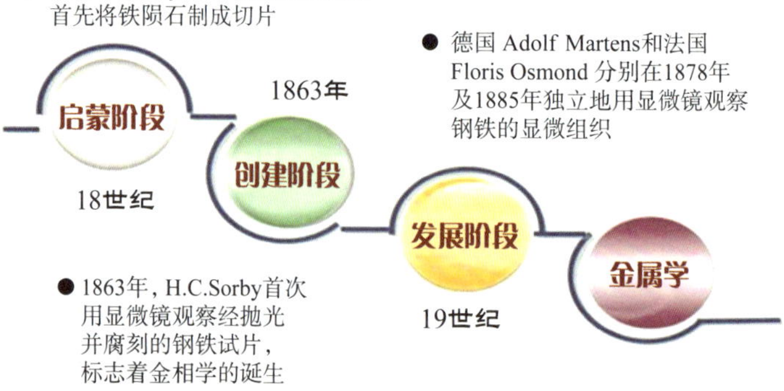

■ 金相学发展史

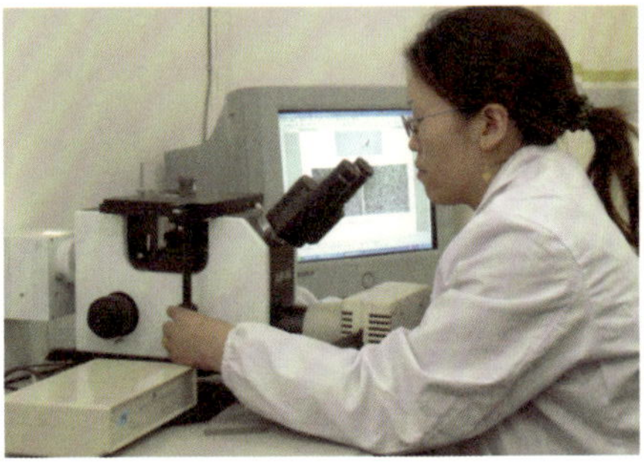

扫描电镜分析钢材组织性能

第九章｜成材路上的好帮手

工欲善其事，必先利其器。钢坯的成长成“材”，离不开这一路上的得力助手——轧钢设备。

第一节 坯料“升温软化”的炉膛

推钢式加热炉

钢坯的加热就像运动员赛前需要热身一样。加热炉是坯料加热的一种设备，常见的有连续加热炉和室式加热炉。连续加热炉又包括推钢式炉、步进式炉、转底式炉、分室式炉等连续加热炉，目前冶金工业领域大多采用步进梁式加热炉和推钢式加热炉。连续加热炉的主要特点是料坯在炉内按轧制的节奏连续运动，炉气在炉内也连续流动。一般情况下，在炉料的断面尺寸、品种和产量不变的情况下，炉子各部分的温度和炉中金属料的温度基本上不随时间变化而仅沿炉子长度变化。

第二节　坯料的“变形器”

要想使铁骨铮铮的钢坯向身型各异的钢材华丽转身，需要压轧设备的助力成材，这一轧制钢材的机械设备轧机，一般由轧辊和支撑轧辊的机架、轧辊的调整装置、轧辊的平衡装置和轧辊的传动装置等组成。在设计和生产中，一般按轧机的主要性能参数来标称轧机。钢坯和型钢轧机是以辊身的名义直径来标称的；钢板轧机是以辊身长度来标称的；钢管轧机是以其能够轧制的钢管最大外径来标称的。

四辊冷轧机

斜横轧机

一、轧机的基本构造

轧机由驱动部分和工作部分组成。驱动部分包括主电机、主轴、齿轮座、连接轴等；工作部分包括机架、支撑辊、工作辊、压下装置等。

机架由两块铸铁或铸钢的牌坊组成，牌坊有闭口式和开口式两种，闭口式主要用于轧制载荷大的初轧机和板带钢轧机，开口式用于需要经常换辊的型钢轧机。

轧辊由辊身、辊头和辊颈三部分组成。按辊身的形状，轧辊可分为平轧辊和带槽轧辊。平轧辊的辊身为圆柱体，用于轧制板带钢；带槽轧辊用于轧制型钢，辊身上加工有与轧件断面相适应的轧槽，一对轧辊的轧槽合成孔型。

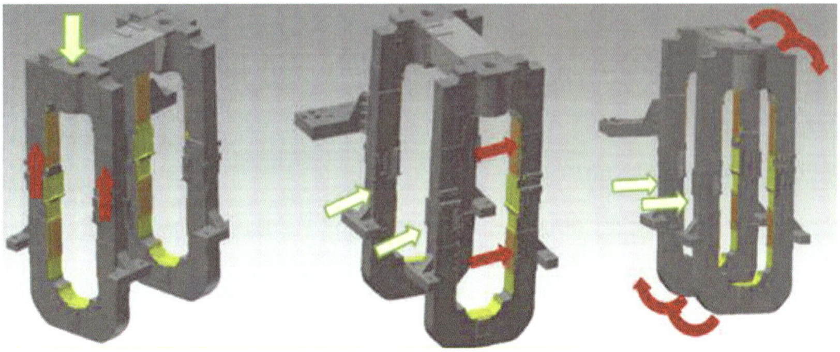

轧机牌坊

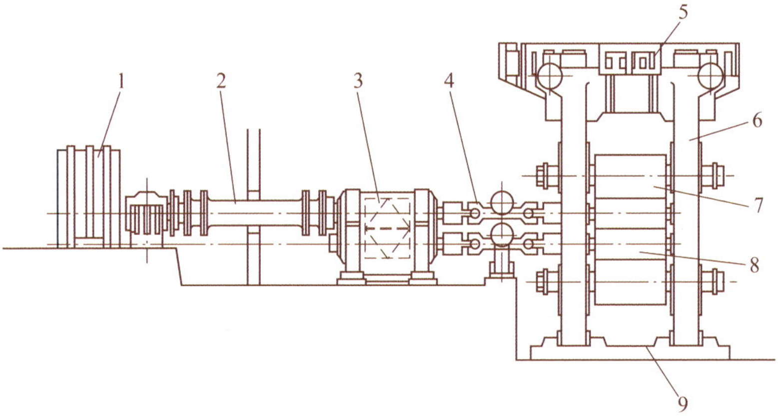

轧机的结构

1—主电机；2—主轴；3—齿轮座；4—连接轴；5—压下装置；
6—机架；7—支撑辊；8—工作辊；9—地脚板

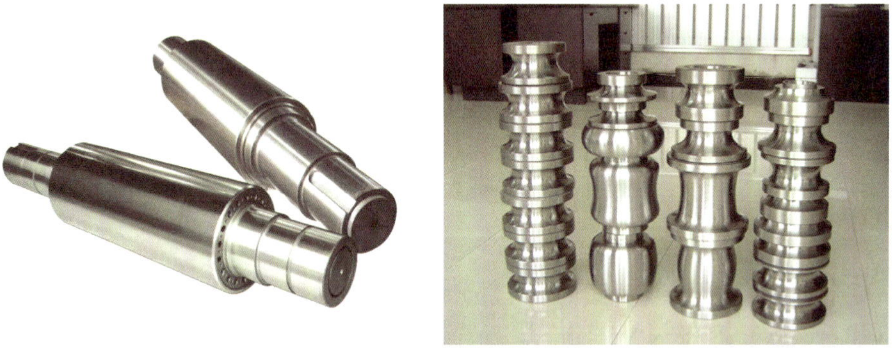

平轧辊和带槽轧辊

二、轧机的分类和布置方式

轧机按用途可分为钢板轧机、钢管轧机、型钢轧机、线材轧机以及各特种轧机（如用于轧制车轮、钢球、车轮轮箍、轴承环）等；按轧辊在机座中的排列方式可分为水平式轧机、立式轧机、万能轧机、斜辊轧机。

性能参数相同的轧机，采用不同的布置形式时，轧制车间的产品、产量和轧制工艺往往不同，因此，要很好地发挥轧机的效率，还应考虑轧机的布置形式。按轧机排列方式可分单机架轧机、横列式轧机、纵列式轧机、连续式轧机、半连续式轧机。

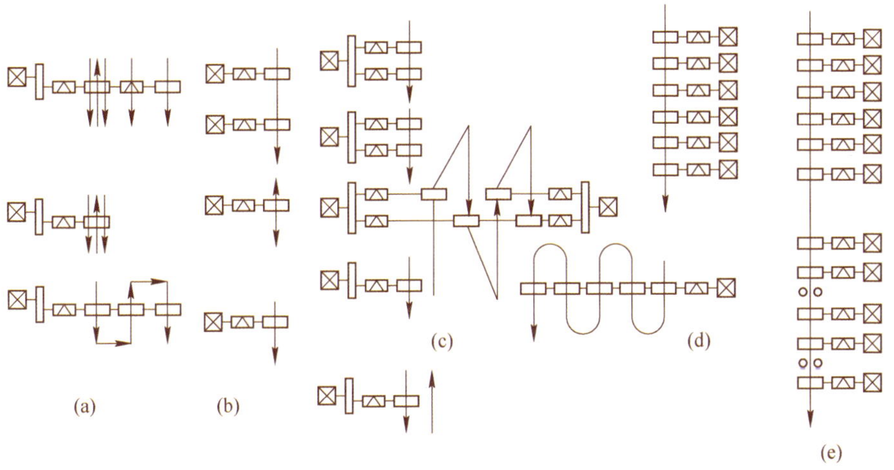

■ 轧机的布置方式

(a) 横列式；(b) 纵列式；(c) 棋盘式；(d) 半连续式；(e) 连续式

第三节　轧材的降温器

根据用户需要，坯料经高速轧机碾压成长条形、板带形、薄层形、螺纹状等形态不同的成品钢材，经过前期的加热处理，成品材蕴含一定的温度，为了钢材内部形成合适的微观组织，进而确保成品材的力学性能，需要在钢材轧制压延过程进行沿程可控的降温冷却处理。经长期以来的生产实践，人们逐渐摸索出多种有效的冷却方式和冷却过程控制要求。

一、层流冷却

层流就是使低水头的水从水箱或集水管中通过弯曲管的作用形成一无旋和无脉动的流股，这种流股从外观上看如同透明的棒一样，液体质点无任何混杂现象。这样的层流态的水从一定高度降落到钢板表面上，然后平稳地向四周流去，从而扩大了冷却水同板材的有效接触，大大提高了冷却效率。层流冷却的特点是冷却设备的流量范围基本上是一定的。

层流冷却广泛应用于热轧板带生产线上，安放在热连轧机组的后方、卷取机的前方。

采用层状水流对热轧钢板或带钢进行的轧后在线控制冷却工艺，是将数个层流集管安装在精轧机输出辊道的上方，组成一条冷却带，钢板（带）热轧后通过冷却带进行加速冷却。

二、冷床

冷床设备主要用于轧后钢材在线缓慢自然冷却，是冶金轧钢行业对轧制产品（如螺纹钢、圆钢、钢管或型钢等）进行有效冷却的工作台面。其工作原理是将已轧制成形的产品通过辊道输送进入冷床，再由齿条步进式拔齿等形式，将排列在冷床上的工件逐步移向冷床顶端，达到冷却的效果。

层流冷却

冷床由机械传动系统、水冷却系统、冷床工作台面、固定支架等方面组成。主要有拔齿式冷床、齿条步进式冷床、拨爪式冷床、运载链式冷床、滚盘式冷床等。

步进式冷床

第四节　钢材的修剪大师

一、飞剪机

横向剪切运行中的轧件剪切机称为飞剪，是冶金轧钢行业中一种能快速切断钢材的加工设备，具有耗电少、投资成本低的特点。

轧钢生产线中，常将飞剪安放在轧制线的后部，用来横向剪切轧件的头、尾或将其剪切成定尺长度。在冷、热带钢车间的横剪机组、重剪机组、镀锌机组和镀锡机组里都配置有各种不同类型的飞剪，将带钢剪成定尺或裁成规定重量的钢卷。广泛采用飞剪有利于使轧钢生产迅速向高速化、连续化方向发展，因此，它是轧钢生产发展的重要环节之一。其工作原理是在轧件运动过程中，由剪刃相对运动而将轧件切断。飞剪的类型很多，主要有回转式飞剪、曲柄连杆式飞剪和组合式飞剪等。

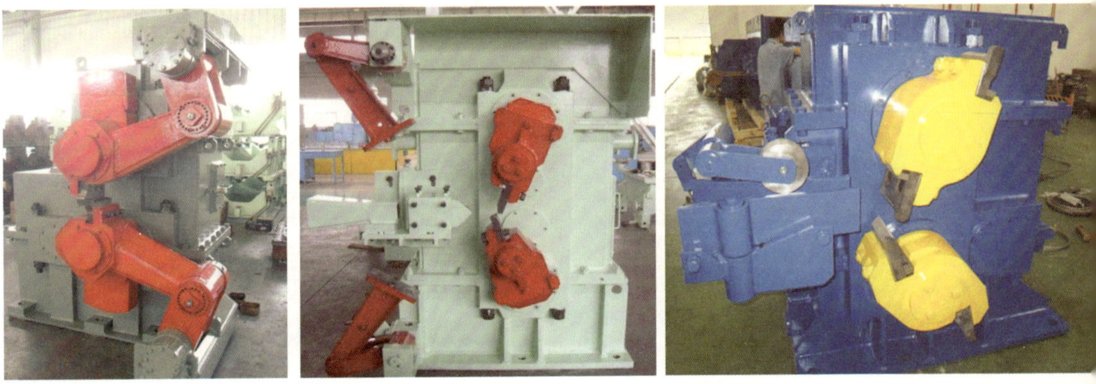

飞剪机

二、矫直机

在轧制生产中，由于轧件的温度不均、轧制过程中的变形不均、轧后的冷却不均及其他因素的影响，致使轧制出来的产品常常出现弯曲等现象，这就需要对其进行矫直。矫直是指在金属型材或板材的弯曲部位施加足够大的反向弯曲或拉伸变形，使该部位产生一定的弹性变形，当去除外力后，轧材经过弹性回复后达到平直的工艺过程。

矫直机是对金属板材、型材、棒材、管材、线材等进行矫直的设备，通过矫直辊对钢材等进行挤压使其改变直线度。

矫直机类型和用途

设备类型	用　途
辊式矫直机	矫直型钢和钢板
斜辊矫直机	矫直钢管和圆钢
张力矫直机	矫直薄钢板
压力矫直机	矫直型钢和钢管

辊式型钢矫直机

辊式钢板热矫直机

斜辊式钢管矫直机

张力带钢矫直机

三、卷取机

卷取机是将热轧或冷轧带钢卷取成卷筒状的轧钢车间辅助设备。在热轧和冷轧带钢连轧机组、线材轧机上，卷取机布置在成品机座之后；在单机座可逆冷带轧机上，卷取机安装在轧机的前后，以及连续酸洗机组、纵剪、退火、涂层等各种精整机组中。

冷、热带钢或线材由于产品断面形状的特点，通常在轧制后立即用卷取机将钢材弯曲成卷，从而提高轧制速度、减小轧件头、尾温差提升产品产量与质量；此外，成卷的轧材也便于运送，这是各种形式卷取机的共同特点和作用。

■ 冷轧带钢卷取机

■ 棉花糖的制作过程类似于钢材的卷取

四、剪切机

剪切机是轧钢机械中重要的辅助设备之一，因为剪切机的能力大小直接影响轧机的生产能力能否充分发挥，其用途是用来剪切定尺、切头、切尾、切边、切试样及切除轧件的局部缺陷等。

/横切钢板/ 由钢带经横切而成的矩形、梯形、平行四边形的定尺钢板。

■ 横切钢板 ■ 刀切馒头的过程类似于横切钢板

/ 纵切钢带 / 由钢带经纵切而成的具有同样宽度的窄钢带。

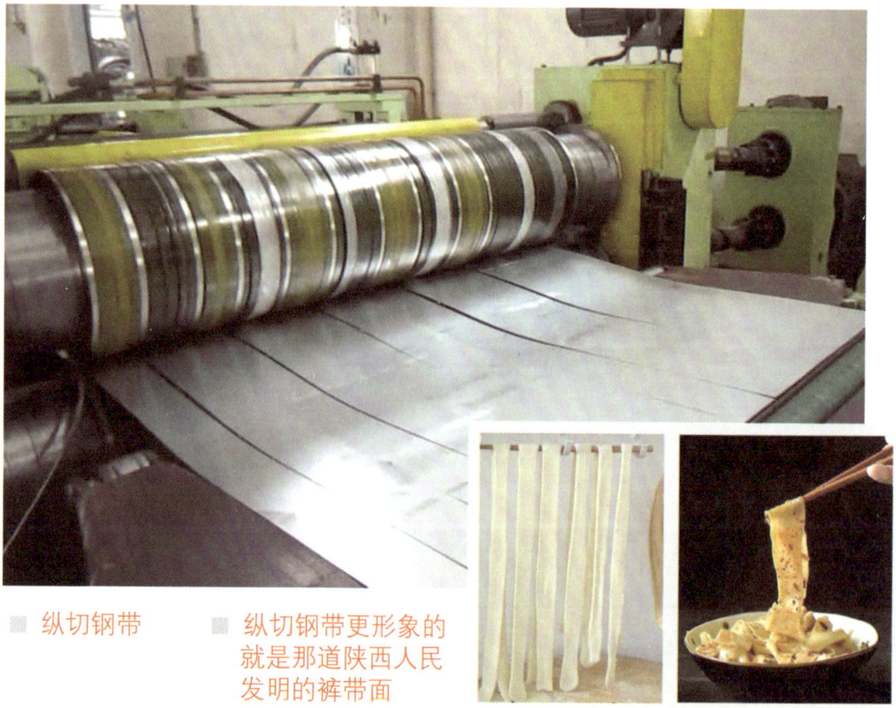

■ 纵切钢带 ■ 纵切钢带更形象的就是那道陕西人民发明的裤带面

第十章 | 先进轧制来超越

第一节 绿色节能无加热

无加热直接轧制是一种连铸坯不经加热炉加热而直接送入轧机进行轧制的技术。该工艺应用后可完全省去加热炉工序，避免加热过程燃料、氧气、水、电力、耐火材料等的消耗，具有节约能源、减少二氧化碳及污染物的排放等特点。

直接轧制技术的核心在于连铸和轧制工序的衔接，其基础在于高速连铸的稳定生产和轧钢工序的稳定性控制。连铸技术的保障应实现无缺陷铸坯生产、较高的浇铸速度、生产过程的稳定；轧钢技术的保障应实现与铸坯的温度衔接、部分感应补热、较大温度窗口的高刚度轧制、性能稳定性控制等技术。

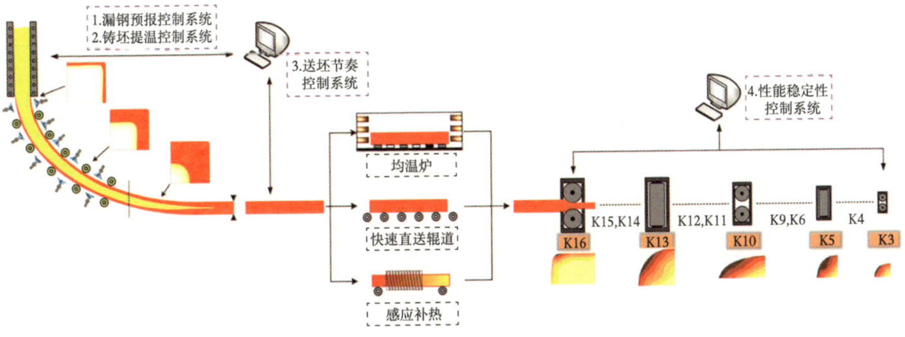

长型材直接轧制技术示意图

无加热直接轧制技术已成功应用于一批棒线材及长材的生产，部分新建的生产线已经不再建设加热炉。

第二节　潺潺流水般稳定生产

“轧机一响，黄金万两”的说法，表明了轧钢工序稳定生产不停歇的重要性。直接轧制时连铸坯可分段，叫多流直接轧制，单流不分段叫无头直接轧制，简称无头轧制。无头轧制主要应用于热轧带钢和棒线材生产过程，该方法与传统轧制方法相比，具有生产稳定、产品质量好、产品精度高的特点。此外，用传统的轧制方法轧制带钢时容易出现甩尾等问题，而无头轧制可有效避免上述问题的发生，可提高钢带行走的稳定性。同时，由于该技术降低了轧制过程钢坯咬入频次，设备磨损和产品废品率也会有所下降，稳定性大幅度提高，但由于是单流轧制，故产能较低。

首钢京唐 DUE 多功能无头轧制生产线正在调试中

第三节　控轧控冷显身手

新一代 TMCP 技术能够快速摸清钢材的“脾气”，通过控制不同的生产工艺，使材料的性能满足不同的使用要求。热机械控制工艺简称 TMCP(Thermo Mechanical Control Process)，是指在控制加热温度、轧制温度和压下量的控制轧制（Controlled Rolling）的基础上，再实施空冷或控制冷却及加速冷却（Accelerated Cooling）的技术总称。

ACC 冷却

TMCP 技术可使钢板的微观组织可控，构成组织的晶粒更加细小，从而得到强度和韧性匹配良好的钢板、卷；可减少为了获得钢板、卷要求的组织和性能而加入钢中昂贵合金元素（铌、钛、钼、镍、铬）的使用量，降低了钢板、卷的制造成本，节约了稀缺合金资源；由于减少了钢中的合金元素，可改善钢板、卷的焊接性能；能用同一种化学成分的钢，轧制出不同性能要求的钢板、卷，可挖掘钢材潜能；还可替代某些热处理工艺，如可对钢板进行轧后直接在线淬火，不需离线再加热钢板、淬火，压缩了生产流程，降低了生产成本。

如此众多的优点，难怪人们说 TMCP 是 20 世纪最伟大的钢铁技术成果之一，它有力地推动了钢铁材料的发展，对人类文明和社会进步做出了不可磨灭的贡献。

新一代 TMCP 技术最开始主要用于生产高强度造船钢板和长距离输送石油、天然气用管线钢板，以及其他用途的高强度焊接结构钢板。近年来，又开发出了应用于储罐和运输船用钢板、高层建筑用厚壁钢板、海洋构造物等重要用途的钢板。以造船板、管线用钢板、焊接结构钢板等产品为主的厚钢板，在钢铁发达国家采用新一代 TMCP 技术生产的约占 30%~50%。今天，TMCP 技术仍然是热轧钢材制造业的主导工艺技术之一，继续为钢铁行业的快速发展发挥着突出作用。

新一代 TMCP 技术在中厚板生产中的应用

第四节　小批量多用户的法宝

随着现代科学技术及经济的发展，用户对钢铁产品的需求越来越趋于多样化、个性化和优质化，而钢铁生产的特点则是大型化、连续化、集约化，这就在用户需求与生产技术和组织管理之间产生了矛盾。对于用户对不用强度产品的需求，传统的生产方式是采用调整化学成分的方法，这样会带来增加生产成本、加快稀缺资源消耗等问题，同时也增加了冶炼工序成分控制难度，使冶炼、连铸、轧制面临频繁更换钢种带来的衔接技术复杂化与管理复杂化。如果能够通过改变轧制工艺，使用同一种化学成分的原料轧制出不同性能级别的产品，上述问题将迎刃而解。

柔性轧制技术 (Flexible Rolling Technology，FRT)，就是能够导致轧制过程具有较大灵活性和适应性的轧制技术，即通过改变轧制工艺，使同一种化学成分的原料轧制出不同性能级别的产品。

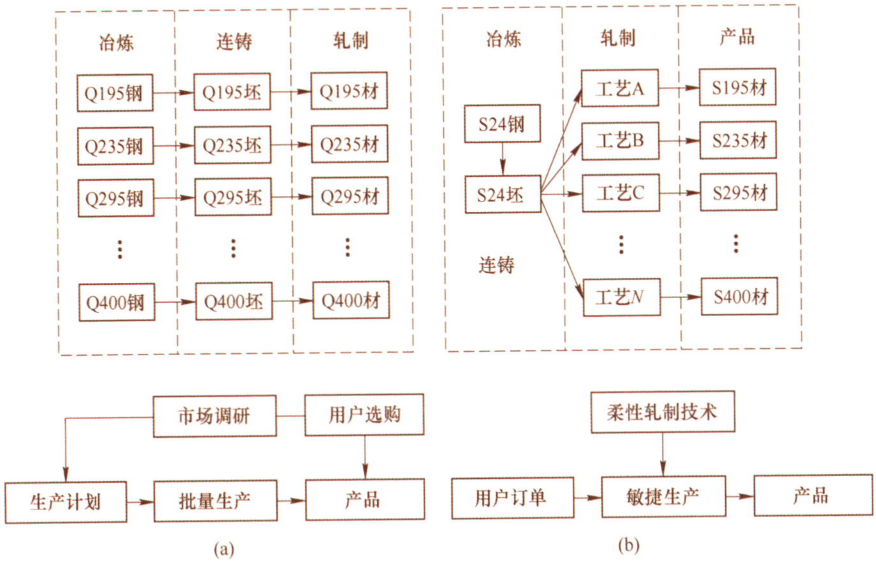

传统生产方式（a）与柔性轧制技术（b）在生产理念及管理方面的比较示意图

柔性轧制技术是一种“定制化”生产技术，可适应小批量多用户及智能轧制，显著降低生产工序成本，简化炼钢和连铸的操作和管理，有利于生产的组织和调度，是未来钢铁生产技术的发展趋势。

第十一章｜ 栋梁之材 各显神通

第一节 船舰、汽车和家电的外衣——板带材

轧机

板卷

板带钢是一种宽度与厚度比值很大（一般大于 10）的矩形断面金属材板，其外观是扁平断面的钢材。切成定尺的单张产品就是钢板，而成卷供应的产品就是带卷或板卷，统称为板带钢。

有没有感觉似曾相识呢？原来小零食也有“板带材”！

板带材广泛应用于各行各业，我们的生活工作都离不开它，大到航空母舰、轮船、汽车，小到手表和精密仪器，都有板带材的身影。

板带材按制造方法可分为热轧板带和冷轧板带；按用途可分为锅炉板、桥梁板、造船板、汽车板、镀锡板、电工钢板等。

人们常说的中厚板也是板带材的一种，它是厚 4~500 毫米或以上、宽至 5000 毫米、长达 25000 毫米以上的热轧钢板，主要用于锅炉、造船、车辆、桥梁、槽罐、化工装置等（4~20 毫米为中板，20~60 毫米为厚板，60 毫米以上为特厚板）。

我国制造的"蛟龙"号潜水器，由 10 多厘米厚的 EH36 高强度船板加工而成，能抵御深海巨大的压强。潜水器下潜到 7000 米处受到的压强为 7×10^7 帕，相当于承受 700 个大气的压力，如果潜水器的外壳出现头发丝那么细的缝隙，海水就会乘虚而入，在巨大的压力下，它的开裂速度会比子弹击穿还快，而在深海普通钢板早就挤压变形，柔软得像面团一样。

"蛟龙"号载人潜水器

中国辽宁号航空母舰，是中国人民解放军海军第一艘可以搭载固定翼飞机的航空母舰。全长 304.5 米、宽 75 米，舰体由一块块厚钢板焊接而成，飞行甲板上采用的是特殊钢板，其强度是民用船舶的几倍，在我国是首次大规模使用。

辽宁舰

与中厚板相对应的是薄板，热轧、冷轧都可生产，厚 0.2~4 毫米，宽可至 2800 毫米，可按客户需求剪切或成卷供应。薄板可用于汽车、电机、变压器、仪表外壳、家用电器等。

还有一种极薄带材，或称箔材，属于冷轧产品，一般厚度为 0.2~0.001 毫米或以下，宽度为 20~600 毫米，以带卷供应，一般用于精密仪器、电容器等。

第二节　机械和建筑的筋骨——棒线材

说起高楼大厦、民用住宅、桥梁、高速公路、铁路等常见建筑物的建设，最离不开就是热轧钢筋，它是土木建筑工程中使用量最大的钢材品种之一，是鳞次栉比高楼的“骨骼”和“脊梁”。

热轧钢筋

热轧钢筋是经热轧成形并自然冷却的成品钢筋，由低碳钢和普通合金钢在高温状态下轧制而成，主要用于钢筋混凝土和预应力混凝土结构的配筋，常见牌号有 HRB400E、HRB500E、HRB600，直径在 6~16 毫米的大多数卷成盘条；直径在 10~50 毫米的一般是 6~12 米长的直条。

以下是两种不同形态热轧钢筋的生产现场。

盘条生产图

直条生产图

全长约 55 千米的港珠澳大桥，是世界最长的跨海大桥，大桥桥梁工程的用钢量达 42.5 万吨，包括一条长达 6.7 千米的海底沉管隧道，这是世界最长的公路沉管隧道和唯一的深埋沉管隧道，也是中国第一条外海沉管隧道，其综合技术难度堪称世界之最。13.5 万吨高强抗震螺纹钢筋参与了海底隧道巨型沉管建设，它们全部采用钒微合金化生产工艺。这些都可以在炼钢轧钢中通过合理调整产品中的钒、铬、铌、铜等有益元素含量来实现，其产品具有普通钢铁无法比拟的抗锈蚀性。

港珠澳大桥

第三节 工业和生活的动脉——管材

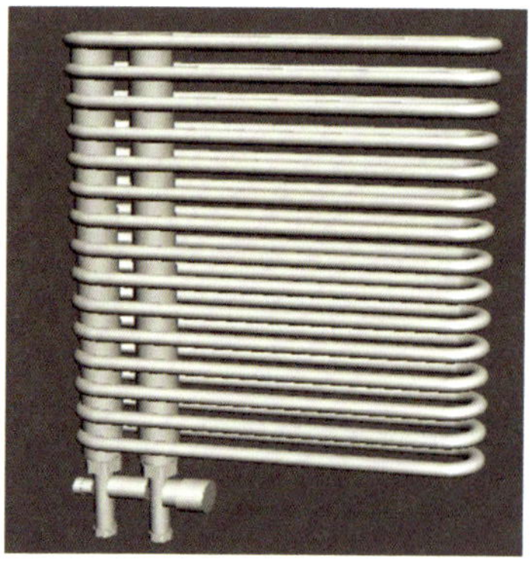

暖气管道

排水管

管材，又称钢管，顾名思义就是用于做管件的材料。管材是建筑工程必需的材料，常用的有给水管、排水管、煤气管、暖气管、电线导管、雨水管等。

钢管一般指的是全长为中空断面，且长度与周长之比较大的钢材。各种钢管的规格按直径和壁厚的组合有很多，其外径最小可达 0.1 毫米，大至 4000 毫米；壁厚薄达 0.01 毫米，厚至 100 毫米。

钢管按用途可分为管道用钢管、热工设备用钢管、机械工业用钢管、石油、地质钻探用钢管、容器钢管、化学工业用钢管、

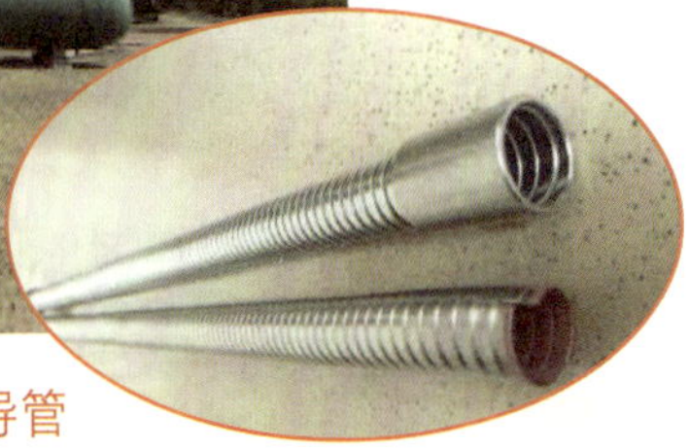

■ 煤气管　　■ 电线导管

特殊用途钢管等；按制造方法可分为无缝钢管、焊接（有缝）钢管及冷轧与冷拔管；按管端形态可分为光管和车丝（带螺纹的）管。常见钢管材质有合金钢（15CrMo、12Cr1MoV）、碳钢（10#、20#、45#）、不锈钢（304、316）。

■ 无缝管

■ 焊管

一、无缝钢管

无缝钢管是一种具有中空截面、周边没有接缝的长条形钢材，包括热轧管、冷轧管、冷拔管、挤压管等。

无缝钢管广泛用于制造结构件和机械零件，如石油钻杆、汽车传动轴、自行车架以及建筑施工中用的钢脚手架等。用无缝钢管制造环形零件，可提高材料利用率，简化制造工序，节约材料和加工工时，如滚动轴承套圈、千斤顶套等，都广泛使用无缝钢管来制造。无缝钢管还是各种常规武器不可缺少的材料，枪管、炮筒等都要无缝钢管来制造。

高超音速电磁轨道炮

无缝钢管按横截面积形状的不同可分为圆管和异型管。由于在周长相等的条件下，圆面积最大，用圆形管可以输送更多的流体，此外，圆环截面在承受内部或外部径向压力时，受力较均匀，因此，绝大多数无缝钢管是圆管。

异型管

但是，圆管也有一定的局限性，如在受平面弯曲的条件下，圆管就不如方、矩形管抗弯强度大，因此，一些农机具骨架、钢木家具等常用方、矩形管。根据不同用途还有其他截面形状的异型钢管。

二、焊接钢管

焊接钢管是指用钢带或钢板弯曲变形为圆形、方形等形状后再焊接成的、表面有接缝的钢管。焊接钢管采用的坯料是钢板或带钢。按工艺可分为电弧焊管、电阻焊管(高频、低频)、气焊管、炉焊管；按焊缝可分为直缝焊管、螺旋焊管。焊接钢管常用于制作煤气管、输油管、水道用管和汽车用管等。

世界上最长的油气输送管线中亚—西气东输二线工程，共消耗钢材440万吨，相当于三峡工程用钢量的六倍。其中，焊接钢管大致占总投资额的30%~40%，采用了耐压强度更高、韧性更高、大壁厚的X80高强度钢板卷制管道。

输油管

第四节　工业建筑的骨骼——型材

型材是铁或钢以及具有一定强度和韧性的材料（如塑料、铝、玻璃纤维等）通过轧制、挤压、铸造等工艺制成的具有一定几何形状的物体。普通型钢按其断面形状又可分为工字钢、槽钢、角钢、圆钢等。

一、热轧H型钢

H型钢是由工字型钢优化发展而成的，是一种断面力学性能更为优良

H 型钢

的经济型断面钢材。H 型钢截面形状经济合理，力学性能好，因断面与英文字母“H”相同而得名。那么，形状如此复杂的钢材是怎么轧制生产的呢，这需要一种特殊的轧制技术，称为孔型轧制。

方坯先用带孔型的二辊开坯机轧制成近似 H 型，下图红色部分是方坯进入每个相应的孔型位置出来后的截面形状。从左往右的第二和第三个孔是一模一样的，生产时其中一个是备用孔。

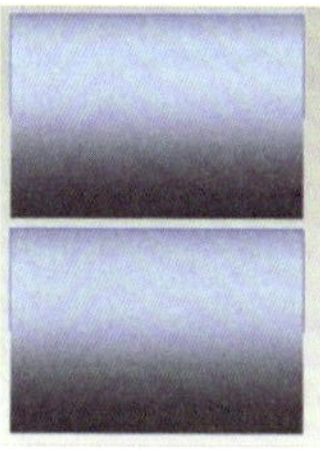

板带轧辊

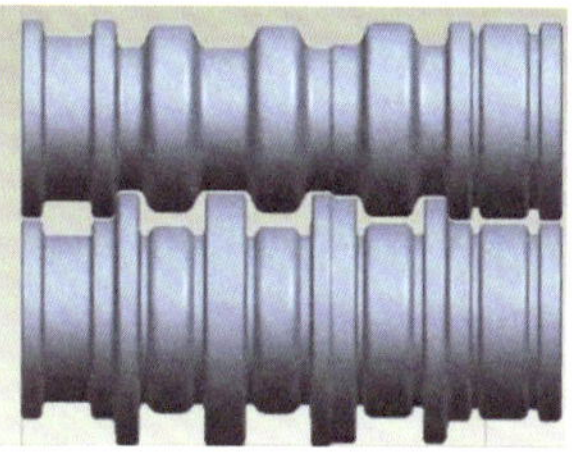

H 型钢的轧辊轧制粗坯

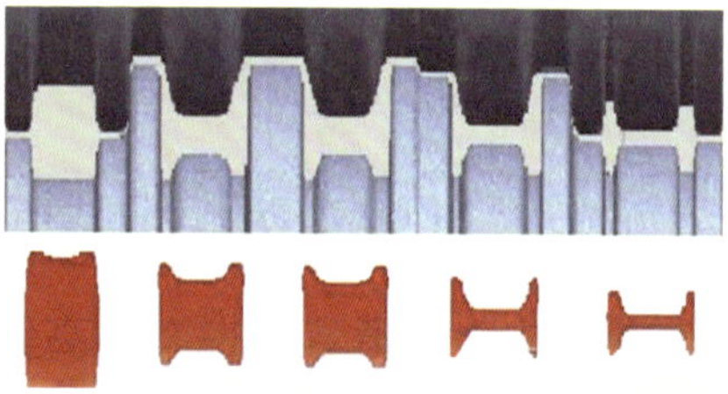

万能轧机精轧

上图最右侧的红色图已经接近 H 型钢了，但离最终的订货标准还是会有差别。后续需要用万能轧机才能生产出合格的 H 型钢。

万能轧机的主机架和孔型是万能型的，可以用来轧制各类型钢，如 H 型钢、钢轨、工字钢、槽钢、钢板桩、U 型钢、L 型钢、角钢等。它的轧机和轧边机交替加工，从而形成断面变形均匀、断面尺寸精度高的产品，即轧辊不再是上下两个，而是上下左右共四个，但孔型只有一个。

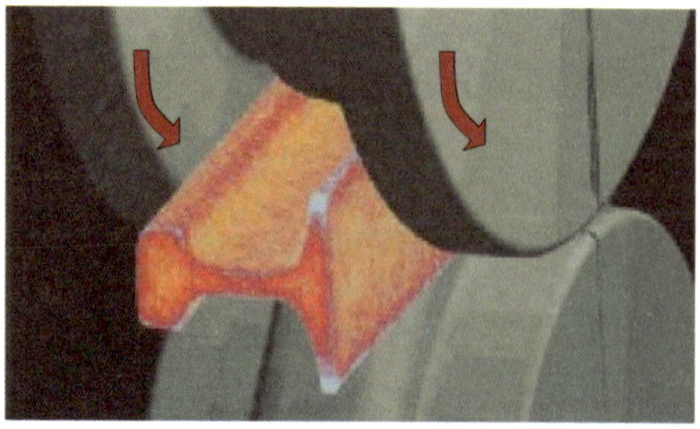

重轨传统的二辊轧制法

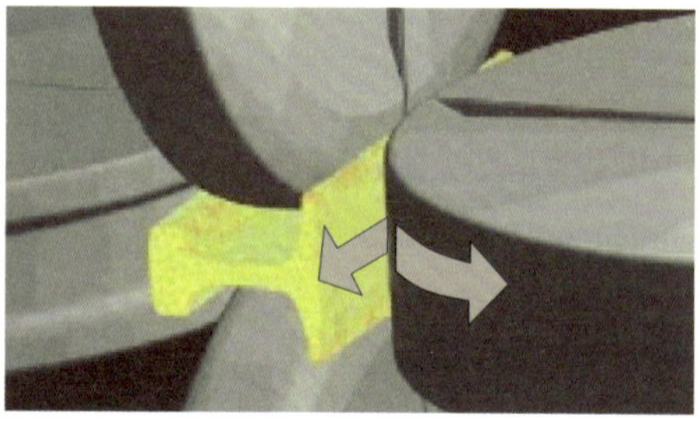

重轨万能轧制法

热轧 H 型钢可根据不同的用途合理分配截面尺寸的高宽比，故其具有优良的力学性能和优越的使用性能。以热轧 H 型钢为主的钢结构，其结构科学合理，塑性和柔韧性好，结构稳定性高，适用于承受振动和冲击载荷大的建筑结构，抗自然灾害能力强，特别适用于一些多地震发生带的建筑结构。据统计，在世界上发生 7 级以上毁灭性大地震的灾害中，以 H 型钢为主的钢结构建筑受损害程度最小。国家体育场“鸟巢”采用的就是莱钢生产的高强度 H 型钢。

钢结构建筑

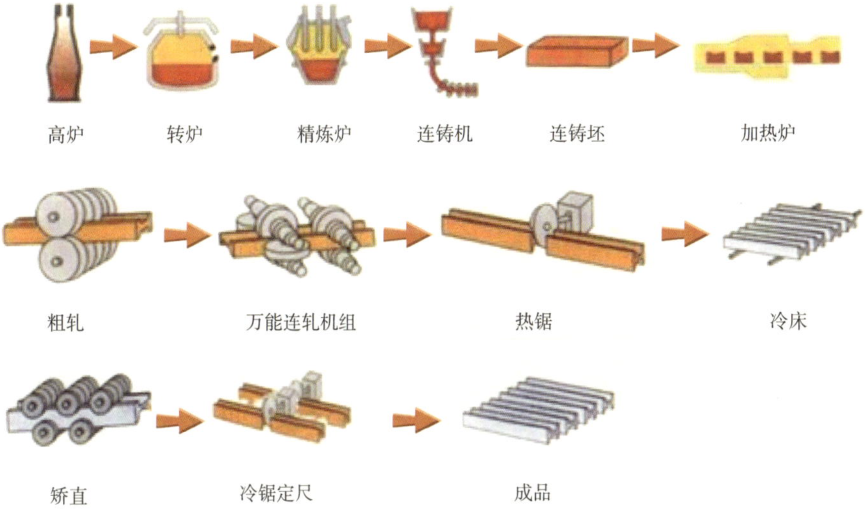

H 型钢生产流程图

二、角钢

角钢俗称角铁、直角型钢，是两边互相垂直成角形的长条钢材。有等边角钢和不等边角钢之分。角钢属建造用碳素结构钢，是简单断面的型钢钢材，主要用于金属构件及厂房的框架等，广泛地用于各种建筑结构和工程结构，如房梁、桥梁、输电塔、起重运输机械、船舶、工业炉、反应塔、容器架以及仓库等。

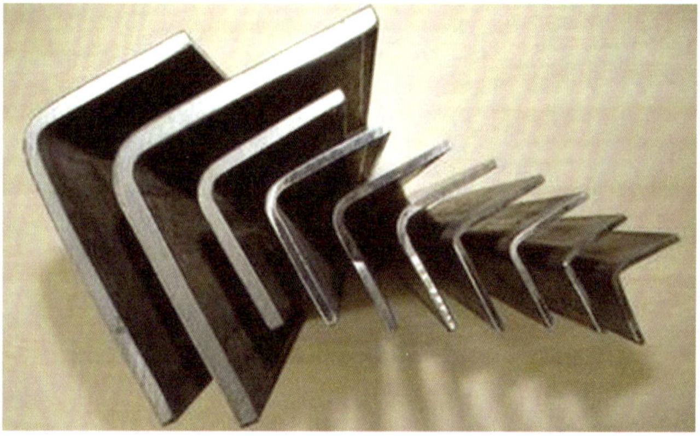

角钢

角钢用于输电塔

三、槽钢

槽钢是截面为凹槽形的长条钢材。槽钢属建造用和机械用碳素结构钢，是复杂断面的型钢钢材，在使用中要求其具有较好的焊接、铆接性能及综合力学性能，主要用于建筑结构、幕墙工程、机械设备和车辆制造等。

槽钢

槽钢用于建筑物

安全环保篇

安全，《周易》里解释为无危则安，无损则全。安全对于一个人，意味着健康；对于一个家庭，意味着和睦；对于一个企业，意味着发展。特别在我们钢铁生产中每一个人每时每刻都与安全有着千丝万缕的联系，安全关系着每个人、每个家庭的幸福安康。

第十二章 | “安全第一” 永恒的主题

既然进入钢铁厂区之前，我们需要佩戴这么多安全防护品，那么钢铁厂的危险在哪里呢？我们要如何采取措施、保护自己呢？

第一节　危险因素要远离

一、“隐形杀手”——煤气

你见过煤气吗？它看不见，摸不着，如果遇到了它，就会不知不觉中了它的招。于是人们把煤气称为“隐形杀手”。钢厂里在炼焦、炼铁、炼钢生产过程中产生大量煤气和其他一些可燃性混合气体，它是钢铁生产过程中的“副产品”。

那么，煤气的主要成分是什么呢？它有哪些特点？它为什么那么厉害呢？

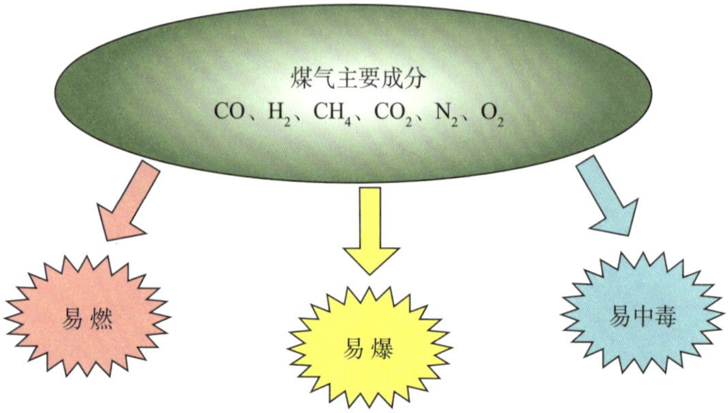

预防煤气事故，最关键的是要防范煤气泄漏

煤气是能源，给我们带来动力，带来光和热，是人类的好朋友。但也有一些“坏脾气”，治不了它就会出大事故。

煤气中毒就是日常生活中人们所说的一氧化碳中毒，一氧化碳一旦被人体吸收，血液就会失去载氧能力，容易造成人体缺氧，严重的可导致死亡。

煤气着火事故是由于煤气泄漏或操作失误接触火源从而引发的着火现象。

煤气爆炸是燃烧的特殊形式，煤气在密闭容器或者压力容器里发生燃烧反应，容器内的压力迅速增大，就容易引起爆炸。

钢铁厂采取了哪些措施防范煤气事故，保障员工的安全呢?

泄漏事故要预防，日常巡检是关键；
煤气泄漏着火后，关闭阀门是关键；
煤气爆炸咋预防？先点火后来送气。

/ 预防煤气中毒 / 治本的措施是要防止煤气泄漏，当煤气泄漏或带煤气作业时，一定要佩戴防毒面具或通风式面罩。在煤气设备集中的场所应安装固定式一氧化碳报警仪，实时监测区域一氧化碳浓度。

/ 处理煤气着火 / 应按照“一降压、二灭火、三堵漏”的原则进行灭火。当煤气管道着火时，应缓慢关闭阀门，降低煤气压力，再向管道内通入蒸汽或氮气，火熄灭后再关闭煤气阀门，防止煤气回火。

/ 预防煤气爆炸 / 点火作业须在煤气压力稳定时进行，先点火，后送煤气。

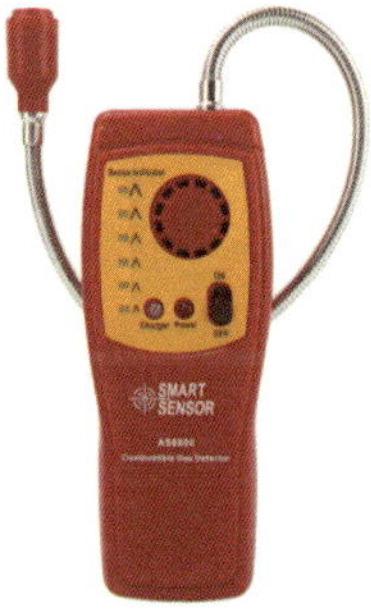

便携式煤气报警仪

固定式煤气报警器

防毒面具

有了这些可靠的煤气事故防范措施，煤气就不会轻易伤害到大家了。

二、“热情似火”的高温

生活中最常见的就是开水引起的烫伤，钢铁厂滚烫的铁水和钢水可比开水的温度高多了，如果引起烫伤，后果不堪设想。铁水包、钢包、“新鲜出炉”的钢材等，钢铁厂的高温区域随处可见。

我是新鲜出炉的线材，看我通红的身体就知道我“炙手可热”，我的温度有500℃呢！

钢铁厂的高温应该怎么防护呢？

为确保工人的安全，现在的钢铁厂采取了各种措施防范高温伤害：首先，合理安排炉前工人的工作节奏，尽量减少工人在炉前的工作时间。其次，采取各种具体的防护措施，请看下图。

各种高温防护措施

三、“趾高气扬”的粉尘

关于粉尘，我们先来看一个生活中的例子。

一边开着火，一边倒面粉，会发生什么呢？

扬起的面粉遇到火焰，火苗瞬间窜起。把面粉换成淀粉或咖啡粉，结果是一样的。

如果是在密闭的空间，情况则会更糟糕。当面粉颗粒达到一定浓度，再遇到哪怕一丝明火，爆炸就会发生。

钢铁厂粉尘最突出的地方当属高炉喷煤系统，其原理和上述例子是一样的。在炼铁环节，喷煤系统向高炉里喷吹粉末状的煤，在周围的空间内，控制好煤粉和氧气的比例就显得尤为重要。

钢铁厂预防粉尘事故的发生可以采取哪些措施呢？

四、“不容小觑”的受限空间

受限空间指封闭或部分封闭，与外界相对隔离，出入口较为狭窄，自然通风不良，易造成有毒有害、易燃易爆物质积聚或者氧含量不足的空间。钢铁企业里的有限空间真不少，炼铁水的高炉、炼钢水的转炉、轧钢的加热炉，还有除尘器、废水池、电缆沟等都是有限空间。有限空间里由于通风不良，氧含量不足，容易发生中毒窒息事故。

进入地窖前，先要做一个“蜡烛实验”。

将蜡烛用一个铁丝绑在竹竿上，慢慢放入菜窖，如果蜡烛不熄灭，则表示地窖氧含量可以维持呼吸，否则不能进入地窖，应持续给地窖通风。

钢铁厂受限空间和日常生活中的地窖、菜窖、下水井有相似的地方。农村很多家庭都有地窖，一般用来存放粮食、种子等，打开地窖的时候，一般要通风一段时间，进入前还要做一个“蜡烛实验”，监测菜窖中二氧化碳的含量，这是为什么呢？

钢铁厂的受限空间随处可见。

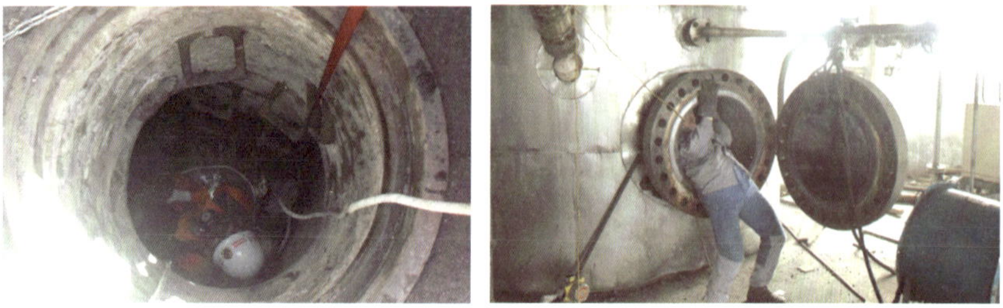

常见受限空间

这么多受限空间，大家不用怕，只要采取相应措施，这些危险都是可以避免的。

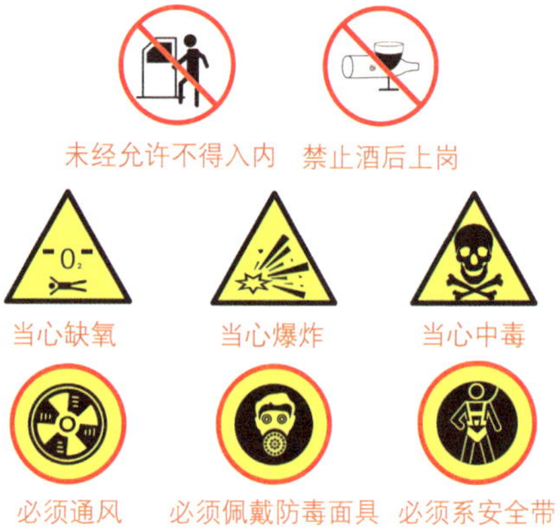

受限空间作业安全

第二节　常见伤害要警惕

一、不可“拥抱”的“火”

在人类发展的历史长河中，火，终结了茹毛饮血的历史；火，点燃了现代社会的辉煌。正如传说中所说的那样，火是具备双重性格的“神”，火给人类带来文明进步、光明和温暖，有时它是人类的朋友，有时它是人类的敌人，失去控制的火，就会给人类造成灾难。

在钢铁厂中有哪些地方容易与“有敌意”的火相遇呢？又该怎么预防呢？

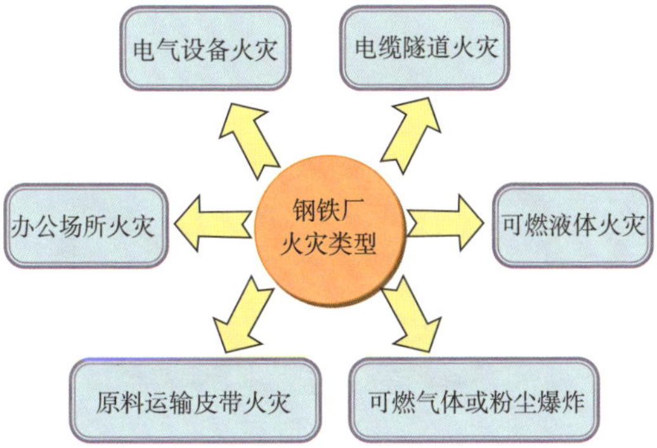

1. 消防设施配备要齐全

消火栓

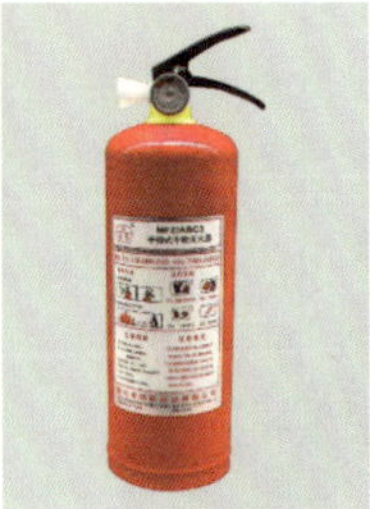
灭火器

消防车

2. 消防机构、人员、物资要到位

专职消防机构、消防员

防火头盔

防火服

3. 易燃易爆区域安全规定要遵守

4. 动火作业许可要办理

临时动火作业许可证（存根）

编号：

申请动火单位（部门）			
动火区域			
动火时间	年 月 日 时 分—— 年 月 日 时 分		
动火理由		动火方式	
动火人		安全监护人	
动火部门负责人		消防责任人	
动火作业安全措施			
审批人			

年 月 日

二、不可触摸的“电”

电能是一种方便的能源，它的广泛应用有力地推动了人类社会的发展。如果在生产和生活中不注意用电安全，也会带来灾害。例如，触电可造成人身伤亡，设备漏电产生的电火花可能酿成火灾、爆炸，高频用电设备可产生电磁污染等。那么在用电大户钢铁厂中要怎样预防触电事故呢？

1. 与电保持安全距离

2. 注意安全用电

3. 加强用电设备巡检

4. 触电后快速处理

01
火速切断电源，立即拉下电闸门或关闭电源开关拔掉插头，使触电者很快脱离电源。

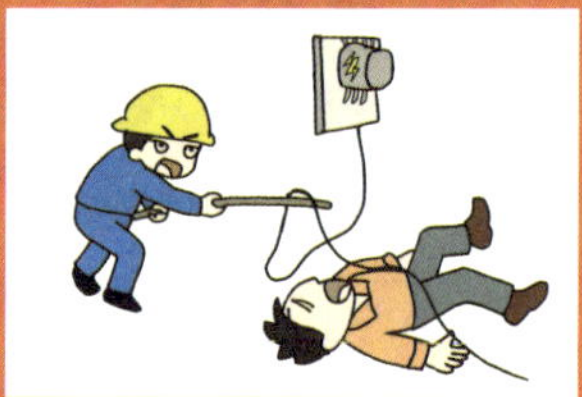

02
急救者利用竹杆、扁担、木棍、塑料制品、橡胶制品、皮制品挑开接触病人的电源，使病人迅速脱离电源。

03
也可戴绝缘手套或将手用干燥衣物等包起绝缘后解脱触电者或站在绝缘垫上或干木板上，绝缘自己进行救护。

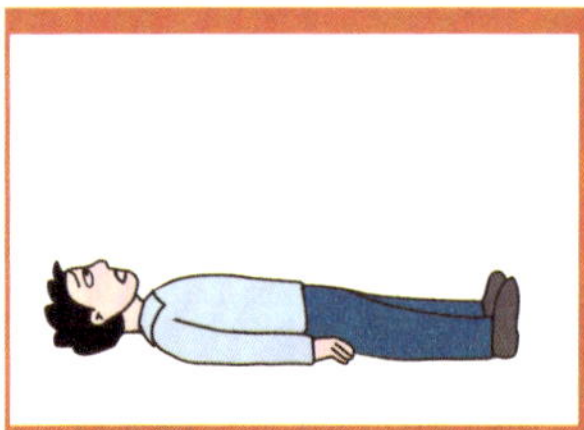

04
触电伤员如神志清醒者，应使其就地躺平，严密观察，暂时不要站立或走动。

05
有心跳，但呼吸停止或极微弱时，应采用口对口人工呼吸法进行急救。人工呼吸法可按下述口诀进行，频率是每分钟约 12 次：清理口腔防堵塞，鼻孔朝天头后仰；贴嘴吹气胸扩张，放开口鼻换气畅。

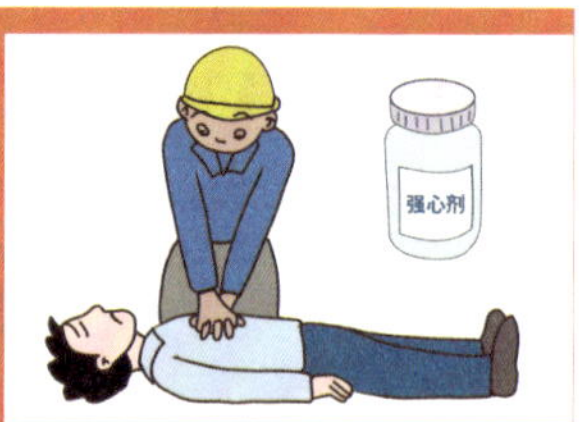

06
确认心跳停止时，在用人工呼吸和胸外心脏挤压后，才可使用强心剂。

三、承受不起的“打击”

物体打击是指失控的物体在惯性力或重力等其他外力的作用下产生运动，打击人体而造成人身伤害事故。钢铁厂中设备繁多，工人密集，预防物体打击尤为重要。那么，钢铁厂中易发生物体打击的场景有哪些呢？

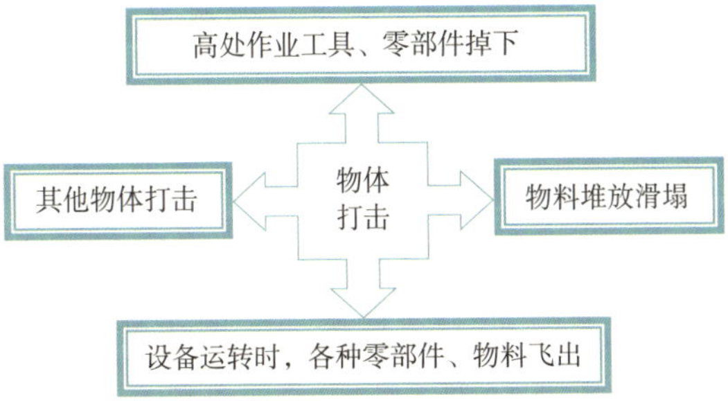

1. 高空坠落打击预防

预防措施

1. 作业人员穿戴好劳护用品，戴好安全帽；
2. 按规定路线行走，不要在危险区域逗留；
3. 作业区域进行隔离、警戒，严防外人进入。

2. 物料堆放滑塌预防

预防措施

1. 控制物料堆放的高度和数量；
2. 按操作规程进行作业，保持物料相对平稳；
3. 严格控制区域内人员。

3. 运转设备零部件飞出预防

预防措施

1. 加强设备零部件维护保养和紧固工作；
2. 保持防护罩完好；
3. 作业人员站位正确。

四、不容忽视的“机械伤害”

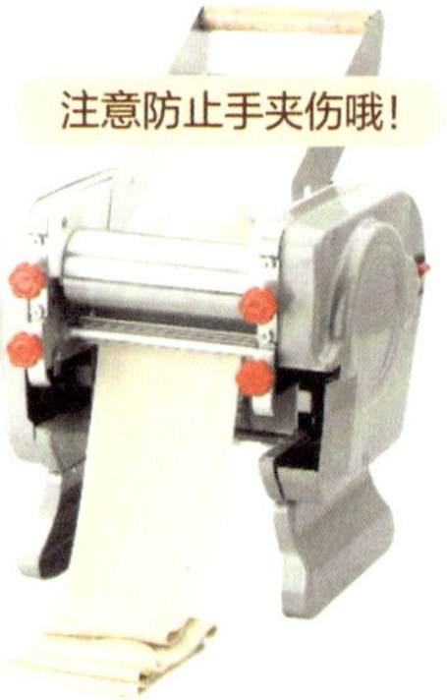

机械伤害是指机械设备运动（静止）部件、工具、加工件直接与人体接触引起的夹击、碰撞、剪切、卷入、绞、碾、割、刺等形式的伤害。各类转动机械的外露传动部分（如齿轮、轴、履带等）和往复运动部分都有可能对人体造成机械伤害。钢铁厂中运输物料皮带多，机械设备种类多（轧机、台车、高炉、转炉等），所以要注意预防机械伤害哦！

1. 遵守有关安全规定，按规操作

2. 加强员工教育培训，提高安全意识

3. 运转的设备不能触摸

4. 运转设备要加防护罩

五、无处不在的“交通安全”

“衣食住行”乃生活之根本，“行”之安全不容忽视。在钢铁厂中，生产节奏快，运输车辆种类多，交通安全就显得尤为重要。

钢铁厂内车辆类型

在钢铁厂中要怎么确保交通安全呢？让我们来看看吧！

1. 交通标志、标线、照明路灯齐全

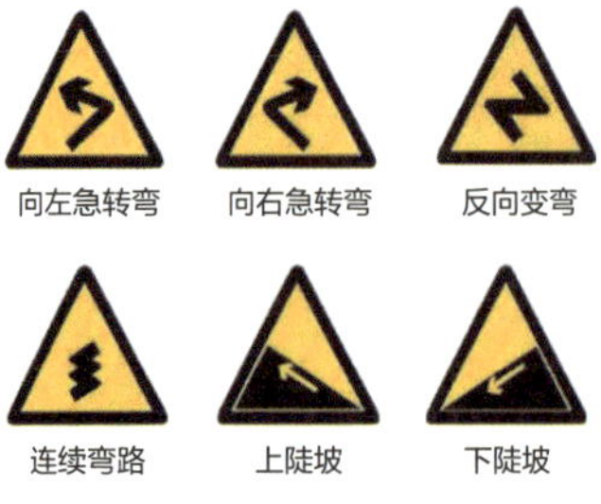

2. 人车分流、各行其道

3. 遵守交通规则，安全行驶

第十三章| 让钢铁变“绿”

提到钢铁企业，人人有话说。

普通百姓说：“钢铁企业大概是这样子的。”

钢铁工人说：“不对不对，现在的钢铁企业是这样子的！”

金山银山，不如绿水青山，已成共识；节能低碳，绿色发展，生态文明已深入人心。被称为“能耗大户”“碳排放大户”的钢铁行业，正以崭新的面貌“绿”起来。

第一节　钢铁工业污染物排放面面观

近年来，我国钢铁工业在节能减排和环保领域已经取得显著成绩，涌现出一批绿色钢铁示范企业，先进的污染治理技术也正在帮助钢铁企业“褪去”高污染、高能耗的“外衣”。

那么，从一堆堆铁矿石到形成钢材的过程，都会产生哪些污染物呢？

正如前面章的介绍，钢铁企业的生产主要有烧结、炼铁、炼钢和轧钢四大环节。钢铁工业生产过程产生的主要污染物有废水、废气、废渣和噪声等。

/ 废水污染 / 钢铁工业是用水大户，用水量约占全国工业用水的19%，生产过程会产生大量废水，且废水中含有化学需氧量、氨氮、挥发酚、氟化物、石油类、重金属、悬浮固体等多种污染因子。

/ 废气污染 / 钢铁工业颗粒物排放量约占全国的15%，二氧化硫排放占全国的37%。废气中含有粉尘、二氧化硫、氮氧化物等多种污染因子。

/ 噪声污染 / 钢铁工业的噪声污染不容忽视，生产过程中各种大型设备运转的机械噪声、厂内交通噪声是主要的噪声来源。大量的噪声污染会影响人们的正常生活、损伤听觉、诱发多种疾病、降低劳动生产效率，甚至引发事故。

/ 固体废弃物污染 / 从矿山开采、金属冶炼到加工制造等工序环节都有废渣产生，钢铁固体废弃物排放量占全国的17%。如水渣、钢渣、脱硫石膏、水处理污泥等固体废弃物的堆置都会对大气、土壤、地表水、地下水等造成不同程度的污染。

如今的钢铁厂像花园一样美丽，甚至成为工业旅游景区。那么，钢铁企业产生的废水、废气、噪声、固废等污染都是如何控制的呢？

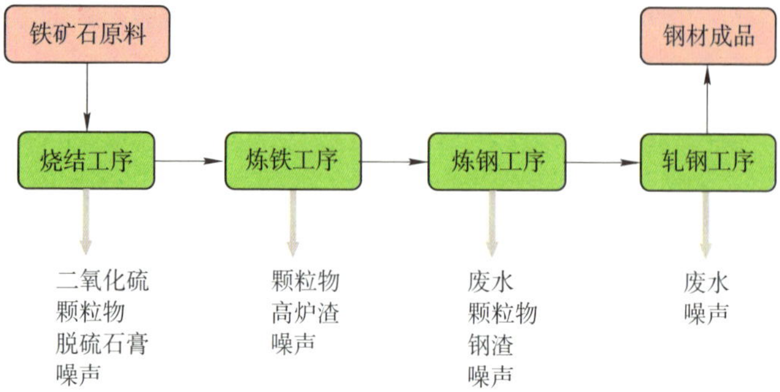

受资源能源短缺、环境污染严重、生态系统退化等因素制约，高能耗、高污染发展模式已难以为继，钢铁工业已逐渐走向绿色转型发展之路。令人鼓舞的是，我国钢铁工业绿色发展已经积累了大量稳定成熟的工艺技术，让我们走近钢铁，细细领略钢铁的“绿色魔力”。

第二节　钢铁厂的“节水神器”

水被誉为“钢铁企业的血液”。水在钢铁生产中被应用最多的是冷却剂，为钢铁冶炼整个过程提供了强大的降温保障。

高温冶炼是钢铁生产的主要特征。高炉、转炉、轧机等冶炼设备和风机等动力设备，必须依靠水的不断循环冷却，才能正常运转。简单来说，钢铁企业节约用水主要是依靠“冷却循环”和“串级使用”这两大神器。

循环用水是由一个工厂、车间或工段的给水、排水系统组成一个闭路循环的用水系统。

系统内产生的废水，经处理后重复使用，不补充或少量补充新鲜水，不排放或少排放废水。

一、冷却循环

在钢铁冶炼过程中，水是通过直接或间接的方式来完成冷却任务的，靠水直接喷淋完成冷却的称为浊水系统，靠冷却器中的水带走热量完成高炉、转炉、轧机、风机等设备冷却的称为净水系统。

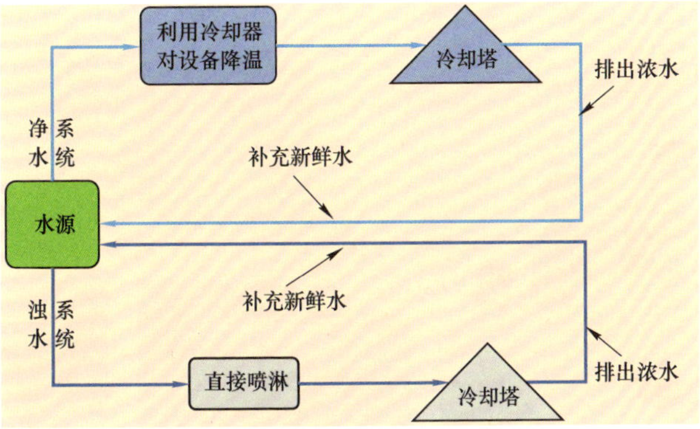

浊水系统和净水系统的水循环

为了达到节水目的，钢铁企业会对排出的浓缩水集中收集处理，使其变为可利用的中水（即水质介于污水和洁净水之间的水），水的重复利用率提高到 99% 以上。

水就是这样通过不断的冷却和循环，保障了正常生产。

二、串级用水

充分利用不同用户对水温、水质的需求差异，遵循水质标准“高质高用、低质低用、阶梯利用”的原则，对水质用户实行串联供水。

钢铁企业的串级用水和日常生活中“一水多用”的道理是一样的，实施串级供水是最简洁、最经济、最科学的节水手段。

第三节　蓝天卫士

钢铁企业的烟粉尘一部分主要来源于物料运输、倒运过程中产生的无组织扬尘，属于无组织排放；另一部分是炉窑中燃烧过程中从烟囱排出的有组织排放的烟气。

目前应用于废气治理的技术主要有防风抑尘网、封闭料仓、除尘器、烟气脱硫等。

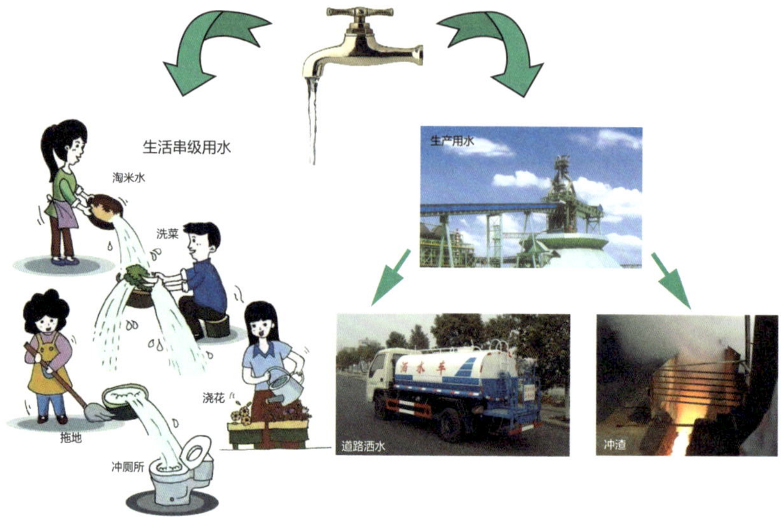

一、防风抑尘网

防风抑尘网主要是针对无组织排放的污染物采取的治理措施，它可使流通的空气(强风)从外通过墙体时，在墙体内侧形成上、下干扰的气流，达到“外侧强风，内侧弱风；外侧小风，内侧无风”的效果，从而防止墙内物料产生扬尘。

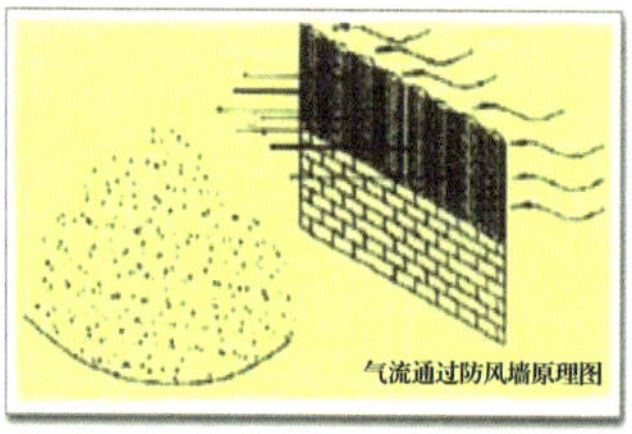

有了防风抑尘网，
狂风来了也不狂。
墙内原料都无恙，
控制扬尘效果棒。

安装防风抑尘网，
技术领先投资降。
颜值不低身材壮，
美化环境露锋芒。

二、封闭料仓

封闭料仓和防风抑尘网一样，也是针对无组织排放的污染物采取的治理措施。

所有的粉末状原料放入封闭料仓，既不会有扬尘污染环境，也不会造成原燃料的浪费，此方法能有效削减无组织排放。

■ 封闭料仓实物图

三、布袋除尘器

布袋除尘器去除颗粒物与日常生活中筛面粉的原理类似。面粉通过筛网，颗粒大的面粉被留在了筛网上，颗粒小的面粉通过筛网落下去。布袋除尘器的布袋发挥了筛网的作用，含尘气体通过布袋的“过滤”作用，大的颗粒物留在了布袋内，达标的小颗粒物则排放到大气中。

■ 筛面粉

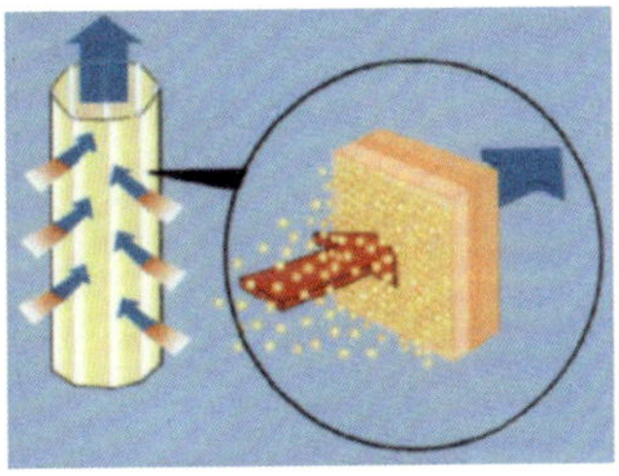

■ “筛”含尘气体

布袋除尘器具有除尘效率高、造价低、操作简单、维护方便、负荷变化适应性好，对防爆安全性较高等优点，是钢铁企业去除颗粒物的“主力军”，常用于原料场、高炉出铁场、炼钢、轧钢等烟气（尘）治理。

布袋

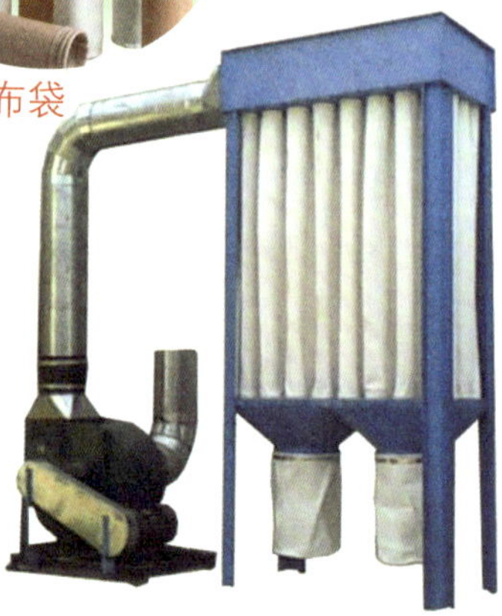

布袋除尘器

四、静电除尘器

静电除尘器利用高压直流不均匀电场使烟气中的气体分子电离，产生大量电子和离子，在电场力的作用下向两极移动，在移动过程中使粉尘颗粒带正 / 负电荷。

带电粉尘在通过除尘电极时，带正 / 负电荷的微粒由于静电力分别被负 / 正电极板吸附，当极板上的粉尘颗粒积聚到一定厚度，由于重力作用或者通过振打装置使粉尘落入灰斗，聚集到收集槽内，达到除尘的目的。

静电除尘器耗能少、除尘效率高，可用于高温（可高达 500℃）、高压和高湿的场合，常用于烧结、球团、炼铁、炼钢烟尘的治理。

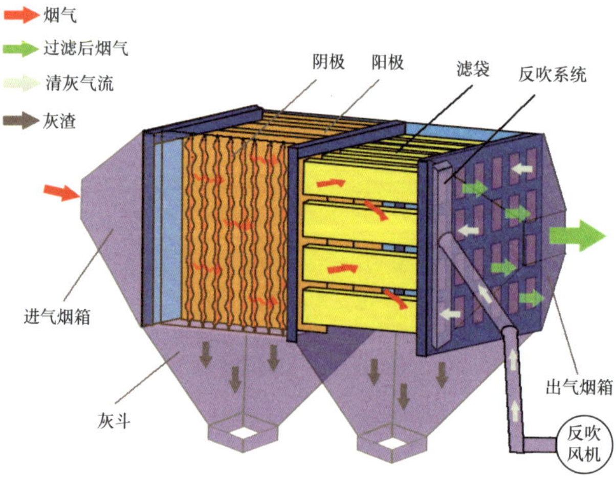

静电除尘器工作原理

■ 静电除尘器

五、烟气脱硫技术

矿石中的硫元素在烧结（球团）过程中，会转化成酸性气体二氧化硫，也是国家重点监控的工业污染源之一。

由于二氧化硫是酸性气体，所以去除二氧化硫治理技术的原理是“酸碱中和”。

/ 当二氧化硫遇到石灰水 / 当酸性的二氧化硫气体遇到碱性的石灰粉或者石灰水，就会反应生成对环境污染较小的硫酸钙（俗称“石膏”）和水。

二氧化硫 + 石灰石
生石灰 ⟶ 钙盐（石膏）+ 水

石灰石 - 石膏法是以消石灰或石灰石浆液作为脱硫剂，在吸收塔内对烟气进行喷淋洗涤脱除烟气中的二氧化硫，副产品以硫酸钙为主要成分。石灰石 - 石膏法具有脱硫效率高（大于 95%）、投资运行费用低，脱硫后烟气中二氧化硫排放浓度可以达标排放。

目前，石灰石 - 石膏法处理二氧化硫应用较普遍，约占行业脱硫工艺的 70%。

/ 当二氧化硫遇到氨水 / 酸性的二氧化硫气体遇到碱性的氨水，就会反应生成硫酸铵，可直接作为化肥出售，可带来经济效益，符合循环经济的发展要求。

二氧化硫 + 氨水 → 硫酸铵（盐）

氨法工艺采用氨水吸收烟气中的二氧化硫，反应速度快，反应完全，脱硫效率达 93%，同时此工艺还可以去除烟气中部分氮氧化物。

/ 当二氧化硫遇到氧化镁 / 轻烧的氧化镁粉和工艺水按照一定比例混合，熟化制成氢氧化镁浆液，酸性的二氧化硫气体遇到碱性的氢氧化镁浆液，就会反应生成硫酸镁，可作为肥料等。

二氧化硫 + 氢氧化镁 → 硫酸镁（盐）

氧化镁法脱硫工艺运行费用低，脱硫效率达 95%~99%，副产品回收价值高，无二次污染，完全实现综合循环利用，符合“零排放”的标准。

/ 当二氧化硫遇到活性炭 / 活性炭吸附工艺可同时脱除二氧化硫、氮氧化物、二噁英和重金属等，配套建设二氧化硫制酸装置生产硫酸，可实现二氧化硫的回收。

■ 活性炭

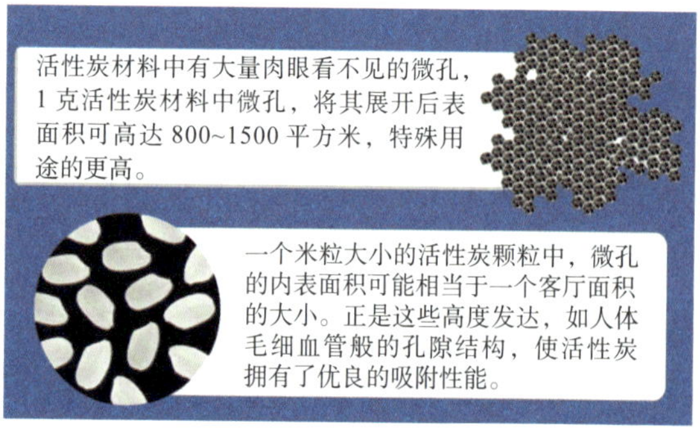

■ 活性炭结构

我国某钢铁企业烧结机头烟气污染控制项目引进了此技术，实际运行效果显示：脱硫效率达 95% 以上，除尘效率达 99.5%，脱硝效率达 33%，脱二噁英效率达 80%，实现了联合脱硫脱硝。吸附了硫化物的活性炭，通过加热将吸附物解析出来，进入制酸装置制备硫酸，制酸系统制备的 98% 浓硫酸回用于生产系统，但该工艺投资大、流程长、占地面积大。

■ 湛江钢铁基地烧结活性炭烟气净化系统

第四节　这里的“黎明”静悄悄

凡是妨碍人们正常休息、学习和工作的声音，以及对人们要听的声音产生干扰的声音均可称为噪声。

为了保护听力，噪声 < 90 分贝

为了保证工作学习，噪声 < 70 分贝

为了保证休息睡眠，噪声 < 50 分贝

噪声控制一般从三个方面入手：声源处、传播途径和人耳处。首先考虑降低声源噪声，其次考虑控制传播途径，最后再考虑采用个人防噪用品。

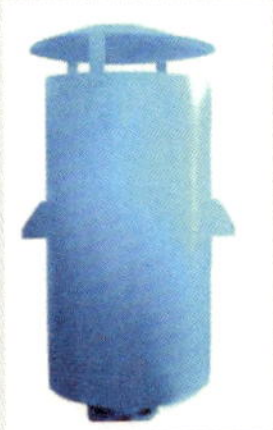

■ 消声器

■ 消声器

■ 安全帽式耳罩

■ 隔声罩

钢铁企业的噪声控制一般采取隔声、消声的降噪设施，如在管道进出口设置消声器、包扎隔声材料；采用封闭厂房隔声；对噪声强度大的设备设置隔声罩或隔声间等。如通过上述措施还达不到降噪要求，同时要对噪声岗位人员做好个人防护，即设置隔声操作室、配备耳塞或耳罩等防护用品，以减轻噪声对人体的危害。

采取上述噪声控制措施，可取得较好的降噪效果，一般情况下消声器可降低噪声 20~30 分贝，隔声间、隔声罩可降低噪声 10~20 分贝，厂房可降低噪声 10 分贝。

第十四章 | 资源节约变废为宝

人类今天的文明与发展经历了三次能源革命：第一次：人工钻木取火，使人类由“茹毛饮血”到“刀耕火种”；第二次：蒸汽机与内燃机的发明，推动了化石燃料工业的兴起，使人类进入工业化的社会；第三次：可控核能的应用，以核燃料为主要能源，为人类提供了更安全，更经济，效率更高的能源。

能源革命导致人类文明的跃进，极大地推动了社会生产力的发展，并

带动各种资源的利用，但地球上的资源是有限的，并不是“取之不竭，用之不尽”。人类文明的发展进步离不开地球这艘承载着资源的宇宙飞船，如果不合理开发资源、保护环境，人类文明进程就无法得以延续。人类文明进程要想走得更远，就必须转变传统的依赖资源消耗的线性增长经济模式，走资源节约道路，以尽可能少的资源消耗获得最大的经济效益和社会效益。

钢铁工业作为国民经济的基础支柱产业，对人类文明的工业化进程发挥着重要作用。它能够提供几乎一切工具和机器设备的原材料，它是现代社会生产和扩大再生产的物质基础，也是清洁能源、新能源、节能环保产品发展的基础材料。

那么钢铁产业是能耗大户吗？先让我们来看一组数据吧！

2020 年我国钢铁行业能源消费总量为 5.75 亿吨标准煤，约占全国能源消费总量的 11.6%；碳排放量占全球钢铁行业碳排放总量的 60% 以上，是我国碳排放量最大的制造业部门。真是名副其实的耗能大户啊！那么钢铁生产过程中主要用到哪些能源呢？

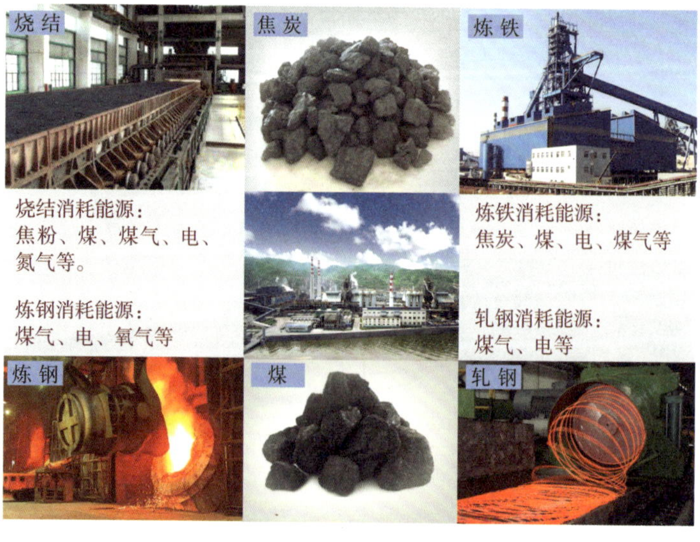

钢铁工业消耗的能源种类多，总量大，对钢铁工业而言，探索资源节约技术显得尤为重要，在一代代人的探索下，许多成熟的资源节约技术已成功应用在了钢铁生产中，就让我们走进钢铁，揭开钢铁资源节约技术的神秘面纱，跟我走吧！

第一节　烧结路上的资源节约技术

一、烧结烟气发电技术

我国烧结矿产量居世界第一，烧结工序是仅次于炼铁工序的第二大耗能工序，其中烧结烟气带走的热量约占烧结工序能耗的16%~24%，其回收利用对于钢铁厂节能降耗具有重要意义。

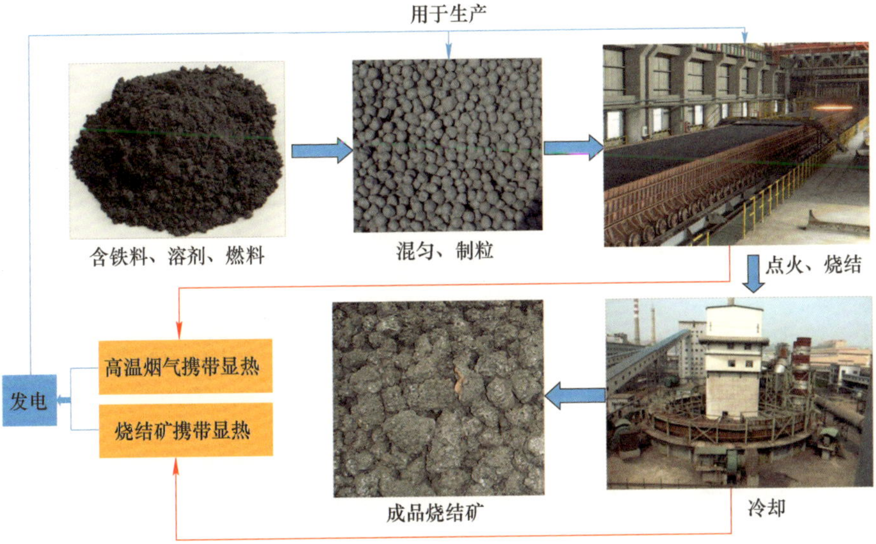

烧结过程资源节约路线图

从上图可以看出，烧结过程中有两部分热量可以回收利用：一是烧结过程中产生的300~400℃高温烟气所携带的显热，约占烧结过程带入总热量的24%；二是平均温度为600~800℃的成品烧结矿所携带的显热，约占烧结过程带入总热量的45%。

这些高温烟气是怎么华丽转身成为我们家家户户都要用的电呢？先来看看常用的发电方式有哪些吧！

■ 火力发电厂（汽轮机驱动）

■ 三峡水电站（水轮机驱动）

■ 风力发电（变桨驱动器驱动）

■ 核电站（汽轮机驱动）

火力发电、水力发电、风力发电、核发电分别是利用燃料燃烧产生的热能、水的重力势能、风能、核能转化为机械能推动发电机发电。

烧结过程中产生的高温烟气通过引风机引入余热锅炉产生蒸汽即可推动发电机发电，这就是烧结余热发电。利用平均每吨烧结矿产生的烟气余热回收后可发电约 20 度，实现高温烟气的华丽转身。

二、除尘灰、脱硫石膏的最终归宿

由于烧结原料中含有大量的微细物料，烧结机上烧成的烧结矿在卸矿、破碎、筛分、冷却、运输过程中也会产生粉尘，这些物料和粉尘经过抽风进入主管道，其中大部分被除尘系统收集，形成烧结除尘灰。我

■ 湛江钢铁基地烧结余热发电工程

国钢铁生产烧结过程中粉尘的产生量约占烧结矿总量的1%~2%，年烧结除尘灰的产量超过1000万吨，数量巨大。烧结除尘灰中含有很多铁、锌、铅、钾、钠及氧化钙、氧化镁等有用物质，可以用于烧结的配料再利用，即采用浮选—重选工艺将烧结除尘灰中的铁氧化物选别出来，然后再返回烧结或球团工序，有害元素则富集到尾矿中用作建筑材料；烧结机头除尘灰中钾含量较高，而我国又是一个钾资源匮乏的国家，可采用烧结除尘灰制备钾肥；烧结机头除尘灰中的铅也可回收利用，通过氯化浸提方式回收氯化铅。

近几年，国内大型钢铁企业相继建成了烧结烟气脱硫装置，二氧化硫的控制取得了显著的成效，但随之产生了大量脱硫副产物——脱硫石膏，如何正确处置这些脱硫石膏成为一大环境问题。我国禁止将脱硫石膏向山河湖海里排放，目前主要通过填埋的方式处理脱硫石膏，但由于其含有一些有害物质，若处理不当，不仅占用大量土地资源，而且可能对土壤、大气及水源造成二次污染。

脱硫石膏呈细粉状，二水硫酸钙含量高达95%，是一种非常好的建材资源，作为原材料与天然石膏等效。脱硫石膏的用途以石膏板、粉刷石膏、石膏砌块为主，可替代天然石膏作水泥缓凝剂，蕴藏着巨大的市场机遇。

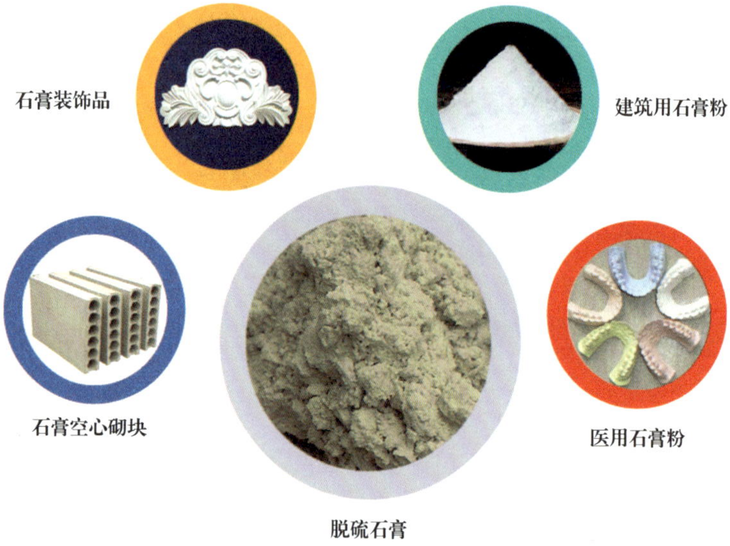

脱硫石膏的华丽转身

三、烧结烟气的“新使命”

钢铁生产过程中的烟气排放主要集中在烧结工序，烧结厂烟气排放量占钢铁企业总排放量的一半以上。烧结烟气循环技术是将烧结过程排出的一部分载热气体返回烧结点火器以后的台车上再循环使用的一种节能减排方法。

烧结烟气循环工艺是将取自烧结机头机尾部分风箱的热烟气，通过重力＋多管除尘器以及循环风机后与烧结冷却机的三段热风混合，再引回烧结台车上的循环密封罩中，通过烧结主抽风机抽风，把送回的烧结废气再循环到大烟道里。其主要目的在于减少烧结烟气总排放量，减轻烟气净化设施的处理负担，提高烧结的热利用效率，降低燃料消耗，提高烧结矿产量，实现节能减排。

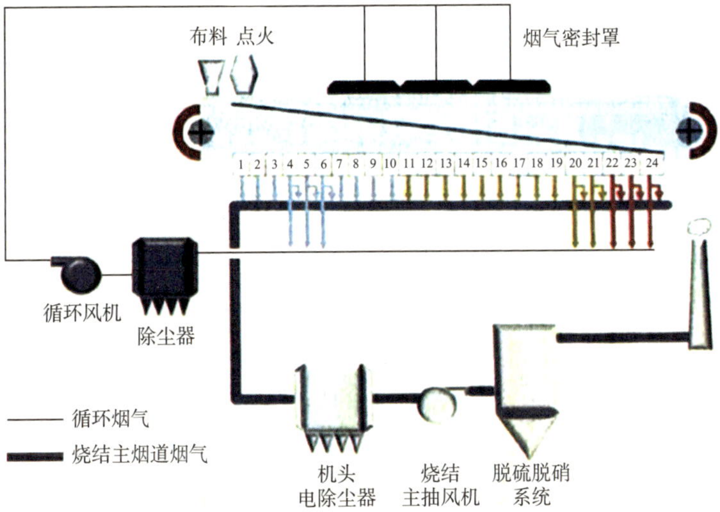

烧结烟气循环流程图

烧结烟气循环示意图

循环烟气罩

第二节　探索高炉煤气和炉渣的利用技术

高炉毋庸置疑是钢铁生产过程的核心，也是能源消耗最大户。它“吃”掉了铁矿石、焦炭、造渣用熔剂，并添加有经预热的空气作为“消食剂”，经过充分消化，在产出合格铁水的同时排出“消化不了”的炉渣，从炉顶“吐”出煤气。这些副产品还可以再利用吗？

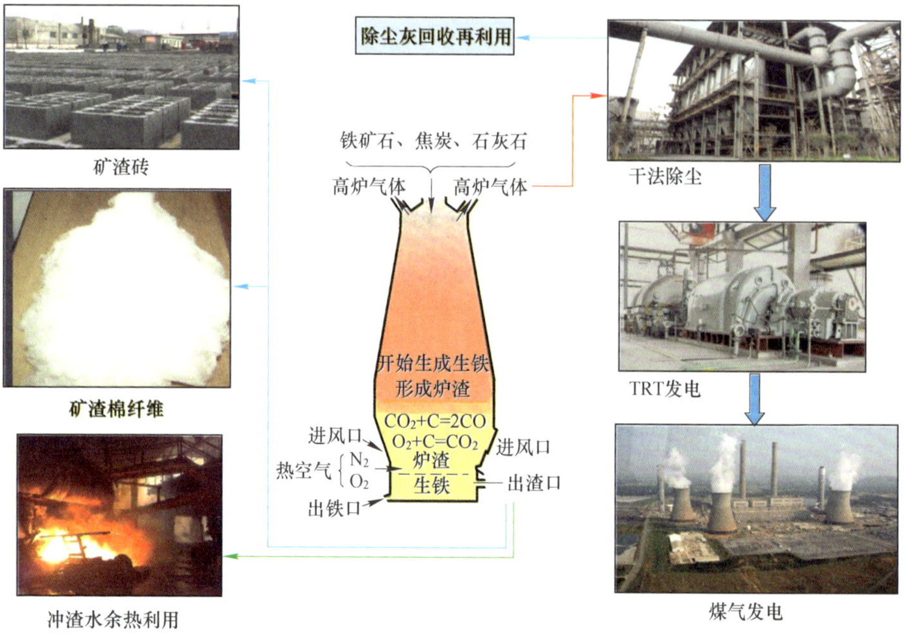

高炉炼铁过程资源节约路线图

由图可见，我们的“大胃王”高炉吐出的全是“宝”，这些“宝”是如何发挥自己的作用的呢？让我们来一一了解吧！

一、煤气的“层层”利用

先来看看生活中水的循环利用吧！

我们日常用的水来源于江河湖泊，经过自来水厂过滤消毒等处理后，可以利用水的清洁作用来洗菜，洗菜的水还可以用来浇花。

从高炉出来的煤气也一样，要先进行干法除尘“洗洗澡”后才能被利用，此时高炉煤气具有压力能和热能，高炉煤气余压发电技术 (Blast Furnace Top Gas Recovery Turbine Unit，TRT) 可以对其进行利用。TRT 技术就是利用这些压力能及热能经透平膨胀做功来驱动发电机发电，实现从压力能到机械能再到电能的转变。

TRT 发电有哪些优点呢？第一是既不消耗任何燃料，又不排放任何污染物，是无公害、最经济的发电技术装备；第二是调节稳定高炉炉顶压力、代替减压阀降低煤气压力从而消除噪声污染等。

生活中水的循环利用

透平机 TRT 发电机组

经过 TRT 发电降压后的煤气还可以再利用吗？答案是肯定的。这就是高炉煤气综合利用的第二种技术——纯燃高炉煤气锅炉发电技术。这项技术就是利用煤气作为锅炉燃料，锅炉受热产生中压或高压蒸汽带动汽轮机做功来驱动发电机发电。纯燃高炉煤气锅炉发电技术是中国的发明专利，已经非常成熟，并且可以利用各种热值、压力的燃气，属于世界上早期的高炉煤气发电技术。

随着新技术的发展，纯燃高炉煤气锅炉发电技术逐渐被淘汰，取而代之的是它的升级版——燃气 - 蒸汽联合循环发电技术（Combined Cycle Power Plant，CCPP）。

CCPP 技术与纯燃高炉煤气锅炉发电技术都是以高炉煤气作燃料进行发电。纯燃高炉煤气锅炉发电是以蒸汽作为介质驱动实现能量转换，且蒸汽驱动只能实现一次发电；CCPP 首先是以煤气作为燃料产生的高温烟气

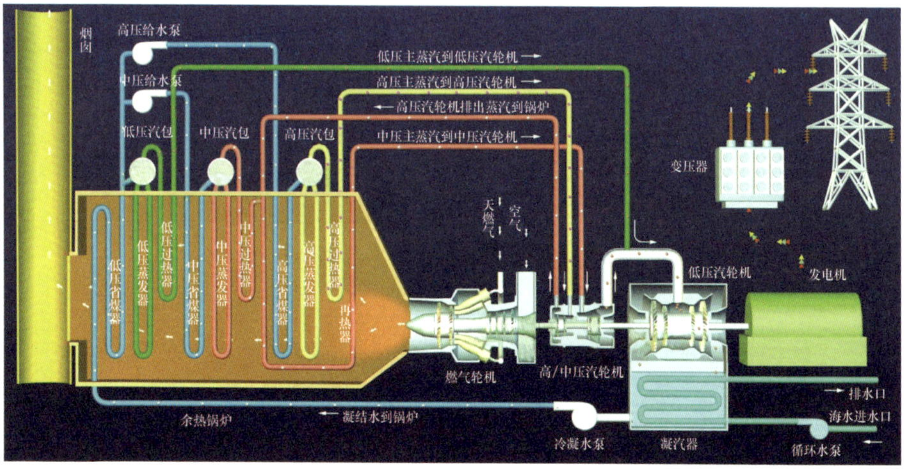

CCPP 系统设备与生产流程图

作为介质驱动实现一次发电，其次是利用余热锅炉继续回收一次发电后排出的尾气余热实现二次发电。

CCPP 技术因其既回收利用了煤气的一次热量，又回收利用了一次发电尾气的余热量，更大限度地提高了能源利用效率，从而使其在燃气发电技术领域中独领风骚，成为一道“亮丽的风景”。其热转换效率可达到 40%~45%（比传统锅炉汽轮机高 10%~20%），同时还可节水 40%~50%。

二、高炉渣变废为宝

高炉渣是冶炼生铁时从高炉中排出的废物，当炉温达到 1400~1600℃时，炉料熔融，矿石中的脉石、焦炭中的灰分、助熔剂和其他不能进入生铁中的杂质形成了以硅酸盐和铝酸盐为主浮在铁水表面的熔渣。高炉渣的主要成分为氧化钙、二氧化硅、三氧化二铝，合理利用，高炉渣也可变废为宝。

水泥

矿渣棉纤维

矿渣碎石

膨胀矿渣

■ 利用高炉渣制成的产品

三、冲渣水的余热利用

■ 热气腾腾的高炉冲渣水

高炉水力冲渣是在高炉放渣时，以水为动力和载能工质，以一定的水量、水压及流槽坡度，使水与高炉放出的1400~1500℃的高温熔渣流成一定的交角，冲击淬化成合格的水渣。冲渣完成后对渣和水进行分离，冲渣水用于循环冲渣（水温一般为85~90℃，余热可以回收利用），炉渣可用作建筑材料。

冲渣水的余热利用，是通过换热器回收冲渣水的余热提供采暖用热水，经过换热器降温后的冲渣水再次作为水力冲渣用水，循环使用。

据统计，2021年我国高炉生铁产量约8.68亿吨，产生熔渣约3亿吨，其热量可折算为1634万吨标煤的热量，相当于全国用于供暖制冷总能源消耗的1.4%以上，可实现建筑物供暖制冷面积7.5亿平方米。首钢股份公司高炉冲渣水余热已于2015年成功实现为周边冬季供暖。

第三节　炼钢中的资源节约

转炉炼钢就是将铁水兑入转炉后，加入废钢和其他固体辅料（如石灰等），随后插入氧枪，进行吹氧冶炼。在整个冶炼过程中，转炉高温熔池内发生一系列复杂化学反应，将铁水中的含碳量降到规定范围，并使其他有害元素的含量减少或增加到规定范围，达到最终钢材所要求的金属成分。让我们先通过下图看看炼钢过程中有哪些“宝物”可利用吧！

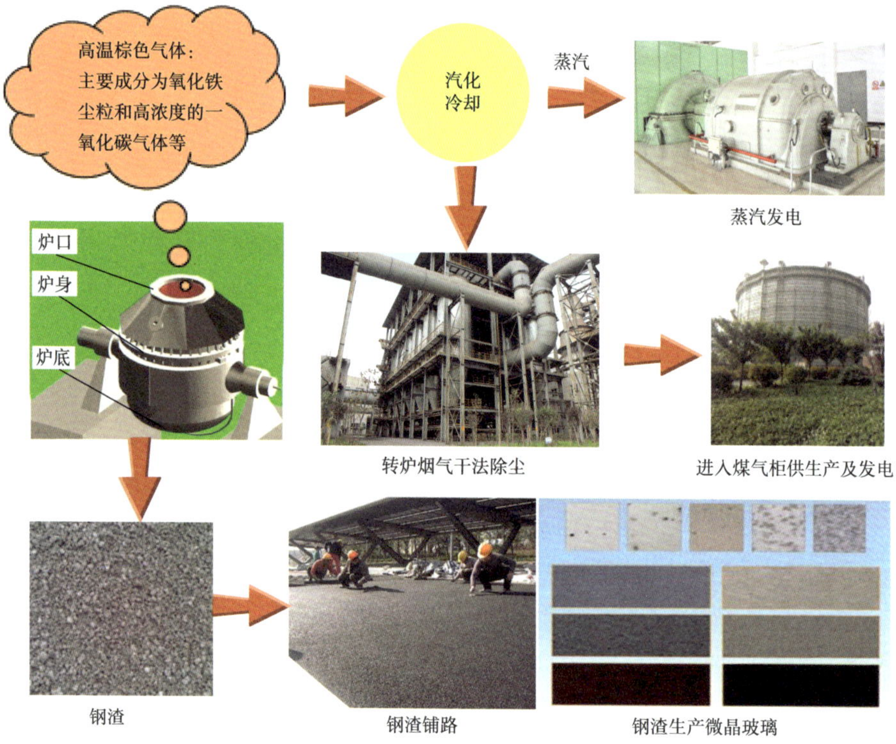

转炉炼钢过程资源节约路线图

我们看到在转炉炼钢过程中会产生大量高温棕色烟气，这些气体是如何变成“宝”的呢？

一、烟气变宝第一关——烟气余热回收

转炉产生的1450~1800℃高温烟气在引风机的抽引作用下，经过烟气冷却系统（活动烟罩、热回收装置及汽化冷却烟道）使烟气温度降低至800~1200℃，产生的蒸汽回收用于生产、生活及发电等。

二、烟气变宝第二关——“洗洗澡”

降温后的棕色烟气在变废为宝的道路上还需要“洗去一身污垢”。“洗澡”的方式有干法除尘和湿法除尘两种，干法除尘由于污染小、能耗低、回收效果好等特点被广泛采用。

降温后的烟气进入蒸发冷却器，蒸发冷却器内有若干个双介质雾化冷却喷嘴，对烟气进行降温、调质、粗除尘，烟气温度降低到 150~200℃。同时约有 40% 的粉尘在蒸发冷却器的作用下被捕获，形成的粗颗粒粉尘通过链式输送机输入粗灰料仓。经冷却、粗除尘和调质后的烟气进入圆筒形静电除尘器，经过静电除尘器精除尘的合格烟气经过煤气冷却器降温到 70~80℃，至此完成了烟气的洗澡净化，净化后的合格烟气回收利用。

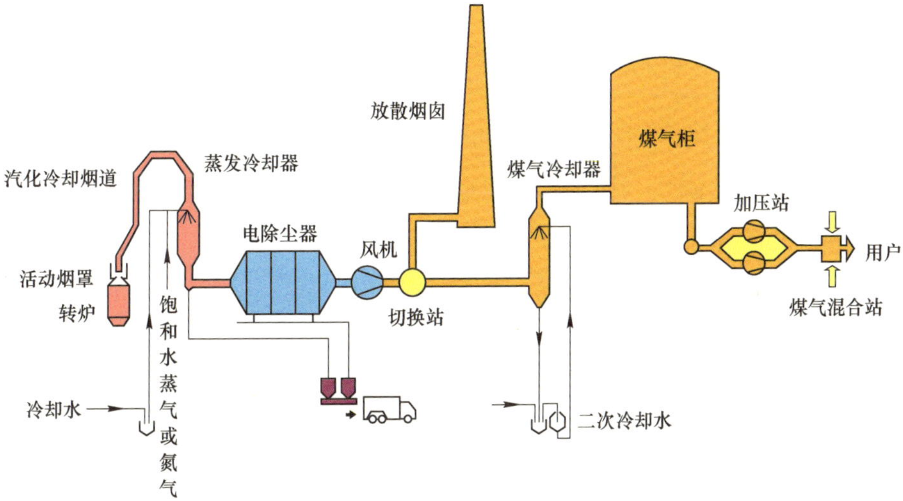

转炉一次烟气干法回收系统流程图

三、烟气变宝第三关——转炉煤气回收

转炉烟气中含有大量一氧化碳，在吹炼过程中，烟气量与一氧化碳含量不断波动，其中一氧化碳含量最高可达 85% 左右。一氧化碳属于可燃气体，具有很高的回收利用价值，那么经过“洗澡”后的烟气是怎样回收利用的呢？

当可燃性气体与空气混合并达到一定浓度时，遇到火源就会发生爆炸，因此，只有在烟气中的一氧化碳、氢气、氧气的浓度符合一定的要求时，才能回收到高质量的转炉煤气，不符合回收条件的煤气则通过点火装置点火排放。回收的转炉煤气 CO 浓度平均为 50%~70%，可单独作为燃料用于生产，也可与高炉煤气掺烧，用于生产及发电。

转炉煤气与余热蒸汽的回收利用，促使负能炼钢得以实现。那么什么是负能炼钢呢？

负能炼钢在很大程度上反映了转炉炼钢技术的综合水平。负能炼钢并不是不消耗能源，而是指炼钢过程中回收的煤气和蒸汽能量大于实际炼钢过程中消耗的风、水、电、气等能量的总和。如对同一座转炉而言，若转炉炼钢消耗的能量为 12 千克标准煤，而回收的煤气、蒸汽的能量折合吨钢 30 千克标准煤，就属于负能炼钢。

四、转炉副产品钢渣的最终归宿

转炉炼钢过程中产生的钢渣可以用来与粉煤灰或高炉渣生产出不同规格的砖、瓦、砌块、板等各种建材制品，也可以用作路基材料和回填工程材料、生产微晶玻璃等。

第四节　了解加热炉蓄热式高温空气燃烧技术

在轧制过程中，钢坯首先要经过加热炉这个“保温箱”进行预热加热，因此会消耗大量能源，并且排放大量高温烟气，既浪费能源又污染空气。如何提高加热炉的热效率，使钢坯在加热过程中既能少能源消耗，又能减少烟气排放？轧钢工艺节能环保新技术横空出世了，这就是蓄热式高温空气燃烧技术（High Temperature Air Combustion，HTAC）。该技术目前已在加热炉广泛推广应用，是钢铁企业实现绿色制造和绿色产品的新革命。

HTAC 技术究竟是如何实现其节能和环保的功能呢？它的核心技术原理可以简单概括为两点：

（1）利用高效蓄热材料吸收利用加热炉排放的高温烟气中的余热，减少加热炉排烟热损失。

（2）利用高效蓄热体吸收的余热对进入加热炉的助燃空气和煤气进行双预热，减少加热炉的煤气消耗量，提高热效率。

HTAC 技术可将加热炉排放的高温烟气（1000℃左右）降至 150℃以下，热回收率达 85% 以上，节能 30% 以上，氮氧化物排放量减少 40% 以上，二氧化碳的排放量减少 10%~70%，达到节能与环保的双重效果。HTAC 技术因其多重的优越性及巨大的技术经济效益和社会效益，正在被越来越多的企业所认识，并且正在拓展到石化、陶瓷、玻璃、锅炉、机械等行业的热工设备上。

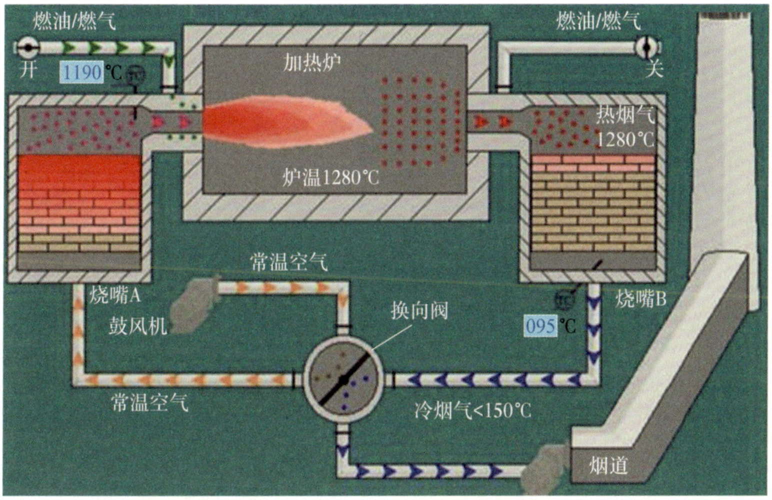

■ HTAC 技术工作原理

第五节　能源管理的“大脑”

部队作战一般都设有指挥部，对整个人员、资源进行调配，在钢铁生产中，也需要对整个能源进行调配，这就需要能源管理中心来指挥了。能源管理中心是指采用自动化、信息化技术和集中管理模式，对企业能源系统的生产、输配和消耗环节实施集中扁平化的动态监控和数字化管理，改进和优化能源平衡，实现系统性节能降耗的管控一体化系统。

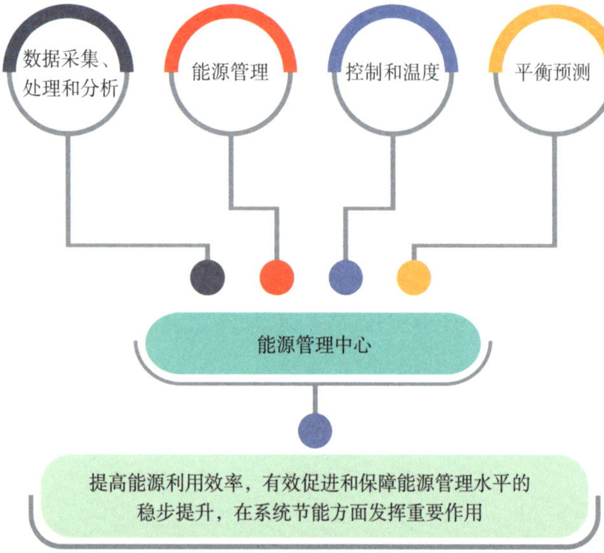

能源管理中心现场

高清的现场图像、实时的能源运转场景、动态的能源数据，显得科技感满满。智能系统为各工序余热、余能、余气的回收和综合利用提供了可靠的管理支撑，既提高了能源绩效，更利于减碳降碳。

第六节　钢铁产业绿色工厂的展望

随着社会的发展，人们对美好生活的向往不仅仅是吃饱穿暖，而是更舒适、更美的生活环境。近年来困扰城市的雾霾更是激发了人们对青山绿水、美好环境的强烈追求。钢铁工业作为国民经济的基础产业，也要顺应时代发展，走绿色发展之路，打造绿色工厂。

钢铁行业的绿色发展，是指按照循环经济的基本原则，以清洁生产为基础，重点抓好资源高效利用和节能减排工作，全面实现集钢铁产品制造、能源转换、废弃物处理及消纳功能为一体，能与其他行业和社会生活实现生态联结，从而保证良好的经济、环境和社会效益的发展模式。

一、更强的钢铁产品制造能力

钢铁作为国民生产基础原材料，其质量关系到全社会资源使用效率的高低。“提高钢材质量，推进减量化用钢”既是钢铁行业自身发展的需要，也是建筑业、制造业等用钢行业的需求。如在建筑业，中高档钢筋与低档钢筋相比，能减少钢材消耗 14%~20%。因此钢铁工业产品的升级关系到全社会的节能减排。

钢结构

汽车用钢

高性能船板

特殊钢

绿色钢铁产品制造

二、更高的能源转换率

新形势下，降本增效、节能减排已成为钢铁企业转型发展的必然选择，而提高能源系统的运行水平将发挥关键作用。在长流程钢铁企业中，能源成本一般占钢铁生产总成本的 30% 左右。能源高效利用不仅涉及一次能源的节约化技术，随着钢铁企业技术水平进步，能源高效利用的重点正在向二次能源高效利用技术的开发和应用方面转化。如何做到"能"尽其用，是现代钢铁企业亟待研究的重要课题。

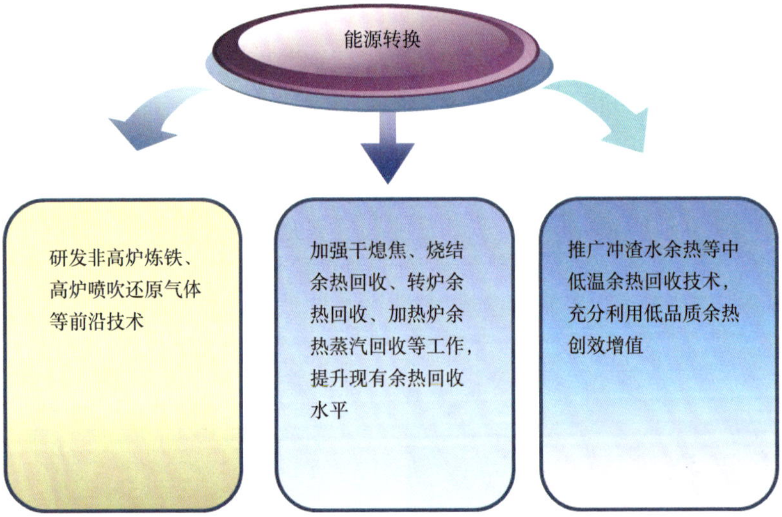

■ 提高能源转换率的途径

三、更强的废弃物消纳处理及资源化能力

钢铁工业是高消耗、高排放行业，整个产业链最大排放就是钢铁生产过程产生的各种废弃物。以固体废弃物为例，2015 年我国粗钢产量 8.04 亿吨，以每吨钢产生固体废弃物 600~800 千克估算，全年共产生固体废弃物 4.8 亿 ~6.4 亿吨，主要构成为冶炼过程形成的炉渣、含铁尘泥、烧结脱硫产物等，仅冶金渣就超过 2 亿吨。钢铁企业构建企业自身废弃物循环处理系统，同样可以消纳社会的大宗废弃物，如废钢、塑料、橡胶、

污水、尘泥等，这是进一步降低“三废”处理成本、增强社会共生能力的有效方式。

打造绿色钢铁，建设美丽中国，既是党和国家对我国钢铁工业未来发展的总体要求，也是钢铁企业实现转型发展的必由之路。雄关漫道真如铁，而今迈步从头越。如今的钢铁人，正持续在理念、管理、技术等方面不断努力、不断创新，为建设天蓝、地绿、山青、水净的美丽中国作出新的贡献！

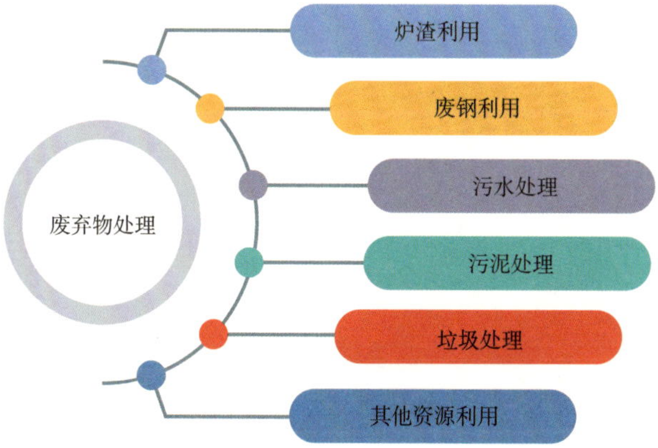

钢铁企业废弃物处理